改訂新版

——終わらないアスベスト禍

松田 毅・竹宮恵子　監修

神戸大学出版会

もくじ

第1部 終わらないアスベスト禍

第2部 現状を点描する――問題解決のために

第1部
終わらないアスベスト禍

もくじ

第一章
洗濯曝露

洗濯曝露

作画／金晏修（キムヨンス）

昭和三十年代の半ば、職を求め、高知の漁村から飛び出し、労働者の街、尼崎でアスベスト関連の工場勤めを始めた幼なじみ三人。

毎日家に持ち帰られる、ほこりにまみれた作業服を洗濯して「洗濯曝露」し、江美は四十年余り後に肺がんを発病する。

まるで
海で溺れて
いるようだ
ぜー
ぜー
息ができない
誠一様
新薬の
アリムタも
僕には効かなく
なったようだ
ぜー
江美も
こんな思いを
したのだろうか
ぜー
ぜー
ぜー
ーーアスベスト
問題について
政府の対応をーー
ぜー
ぜー
ぜー

昭和三十五年
尼崎
奥田健
（当時二十一歳）
ここが
新しい職場か
よう
来たな
健！
叔父ちゃん！
堀内誠一
（二十歳）
川本江美
（十八歳）

ート・パイプ・煙突

ほんまに…
何があったんか知らんけどびっくりしたわ
あない怒ったねぇさんら初めてやったわ
まぁ
お前らにもお前らの言い分があるやろ

しっかり働きや!
僕らは高知の漁村で生まれた
誠一ー
海行こうで!
待ってぇ健ちゃん
まってぇにいちゃん
僕らはいつも一緒だった
ハハハ
仲良しじゃなー
うち、将来こんなんする!
お前がか?

にいちゃん
相談があるき

結婚!?
コク
おまんがか?

どないしょう母さんの気持ちはわかるけんど
くすん
うちは…うちにも夢があるき…

江美に後妻に入れ!?
しかも相手おっさんじゃねぇか!!
おばさんは何を考えとるんじゃ
…

僕は冷静だった

出るか
ここを

前に健がゆうとったろう
叔父さんが人手不足じゃき手伝いにこんかちゅうて
…

健の叔父から何度も電話がかかっていたのを僕は知っていた
尼崎
うん

船賃くらいはどうとでもなる

……
親 故郷を棄てることになる

江美
どうする?
…!

……
行く!
ザァアァ…

ザァアー!

尼崎の
近くには
宝塚もあるん
じゃろ?

江美はずっと
新しいもの
美しいものが
大好きだった

うれしいか?

楽しみじゃ

僕と健は
会社近くの
ぼろアパートへ
江美は
散髪屋の二階に
住むことに
なった
クリーニン
お互い
がんばろうで!!
まずは言葉を
なおさんと
いかんで
もぅー
ハハハッ

これが作業服かー
おお

ハクション

ハー

しっかし…

なんでこんなに遅うなるん?
仕事大丈夫なん?
もう9時すぎや
仕事は問題ないねん、なあ?

洗濯機がなぁ…

残業代も出ない洗濯待ちは
つかれた～
まだかよ…
ゴォン
僕らにとって当時一番の悩みだった
ゴォン
ゴォン

あまり時間かかるから家に持ち帰りして洗濯するやつもいるよな
ふーん
健
ほんまは会社からは作業服持ち帰るな言われてるんやけどな
誠一
…

なんで?
さぁ…はっきりとは言われへんのやけど

クリーニング代も
馬鹿にならんし
江美のじゃまにも
ならんし
ええやろ
別に
モゴ
モゴ
まあ そう
だけど…
おかわり
あ、はい！
モゴモゴ
ふーん…
おお——ッ

どないしたん
これ!?
へへーん
うちから
にいちゃん
二人へ
プレゼントや！

せやけど
お前…
ええねん！
これで
うちが
洗濯したる
から

はよ帰って
今度は
お風呂付きの家に
引っ越せるよう
がんばって
働きや！

かなわん
なぁ
正直
助かるわ

ありがとうな
江美
ポン

がんばって……。
洗濯しなきゃ
それから江美は僕たちの作業服を洗濯してくれた
ただいまー
ほこりだらけ。
服から脱いだ脱いだ!!
ビシッ
ほこりがあまりにも多かったので「ただいま」の次はすぐ玄関で作業服を脱ぐこと
パン
パン
洗濯機に入れる前に
チクチクするほこりを落とさなければならない

パン
ケホ
パン
パン

この粉
光でチカチカ
してんねん
何か不気味やなあ
ケホッ
じゃりじゃりしてて
いやな感じや
次はマスクつけよう

わっ
まだ折り目に
残ってる！
パン
パン
パン
あーもう
しつこいわ！
パン
パン
えいっ
えいっ
ノックダウン

すごいな
おー
きれいに
なったな！
もー大変
やったわ！

ありがとう
江美

へへっ

？
なんやこいつら
不動産
なんでやねん!!
ボッ
俺は何も悪いことしてへん!
やめろ健

別れの日はいきなり訪れた
結婚？

おめでとう
ほな
俺ももう
お役御免やな
健？

ええねん
ちょうど
他の仕事も
試してみたかった
ところやし

それから
健は本当に
僕らの前から
姿を消した…

そして江美と僕は結婚生活を始めた
いってらっしゃーい

ケホ
ケホッ
歳月が経ち
このまま一緒に
老いていくと
思っていたが

ケホッ
ケホッ
ケホッ
頻繁に咳を
していた江美が
ある日倒れた

肺がんです

…そんな…
タバコもすわへんのになんで肺がんなんやろ

なんで…

江美の病状はどんどん悪化した
ハアハアー

江美…
つらいか

おとうさん…
ケホッ
ケホッ
ケホ
ケホ
しゃべらんほうがいい

ありがとうな
尼崎に来れてしあわせやった
本当にありがとう

そんな遺言みたいなこというなよ…

江美
享年六十二歳

誠一…？

健…！

色々なことを
話した

健がその後
大学に入ったこと
デパートに勤務して
いたこと

江美は
肺ガンだったこと
ガンが見つかった
ときにはもう
手遅れだったこと

僕はこんなにも
多弁だったのかと
驚くほど
すらすらと健に
全てを話した

どういう
ことやねん…

あくる日
健が血相を変えて
やってきた

…？
健は
手に持った新聞を
叩きつけるようにして
僕に記事を読むよう
急き立てた
グシャ

「十年で五十一人死亡」
「アスベスト関連病でクボタが開示」
「肺ガン」
「ガンの一種『中皮腫』」
——頭の中が真っ白になった
「尼崎に来れて しあわせやった」
言葉の意味が 理解できず
僕はただ 紙面をうつろに ながめるしか なかった

どういうことや！これは…
これやったら…江美のガンは
クボタのせい違うんか!!
僕は発病していないし
江美とアスベストの接点は少なかったはずだった

確かに作業服にはアスベストがついていた…
でも江美は洗濯をしていただけだ
ただそれだけで病気になるなどということがあるのだろうか

…そうかも
しれんな…
…
そうかも
しれんなって
お前
人死んでんだぞ!!
江美が死んでんだぞ!!

…ほんなら
どうせい
いうねん…

怒って江美が帰ってくるならなんぼでも僕怒ってる…
何を責めたらええんや
アスベストの危険性を知ってて使い続けてた国か

それともアスベストによって経済成長の恩恵にあずかった国民か、会社か
ほこり多すぎるわ…
ケホッ
ケホッ
何も知らんとあいつに洗濯さしとった俺らか

そんなこと
ゆうたかて
もうあいつは
帰ってこんやろ…

だから
諦めるんか

そうや！
あかんのか!!

俺は
諦めへんで

俺らが…
いや
俺らと違う
グッ
俺は認めへん
俺は戦う
戦うで
誠一
俺らがあきらめて
しもたら誰が
江美の無念を
晴らすんや
健が帰ってから
間もなく
僕も病を発症

悪性胸膜中皮腫
という診断だった

具合は
どうですか？

ぜー
ぜー
新しい薬の
おかげか
随分いいです
そう
ですかー
何かあったら
お呼び下さいね
ガラッ
…くっ
ケホッ

ケホッ
ケホ
ケホッ
ケホ
ケホ
グッ
江美
お前も
苦しかったろ？
こんなに
苦しかったろ？
ケホッ
ケホッ
ケ

ぜーーッ
ぜーーッ
ぜーーッ

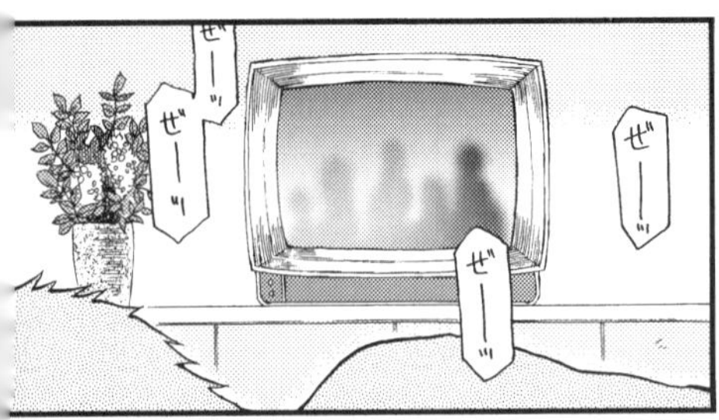
ぜーーッ
ぜーーッ
ぜーーッ
ぜーーッ

人の死を政府は
軽んじすぎている！
政府は
知っていた！！
私たちは
アスベスト問題と
断固闘っていく！

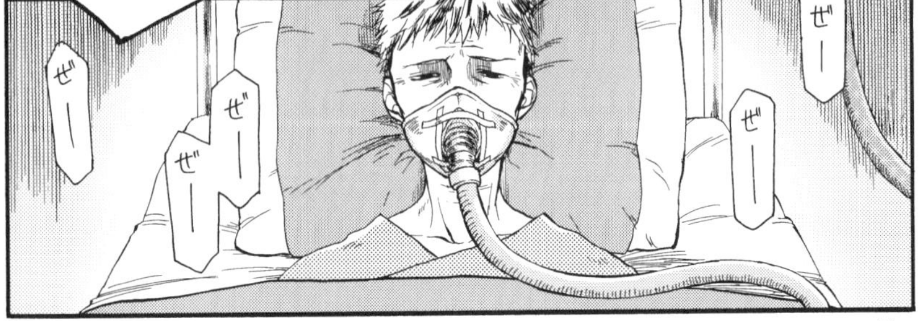
ぜー
ぜー
ぜー
ぜー
ぜー

ぜー
ぜー
ぜー
ぜー
ぜー
誰のせいで…
何のせいで…

本章で描かれているように、家族がアスベスト関係の仕事をしていて、その作業着を自宅にもち帰るなどで、自宅にアスベストが飛散し、妻や子ども達が数十年後中皮腫や肺ガンになる例は少なくない。このような場合を「家族曝露」と言う。

一九九七年のヘルシンキ・クライテリア（診断の指針）によれば、中皮腫の場合、その原因の8割がアスベストを直接に扱う職業曝露による。その他が、間接曝露、家族曝露、環境曝露である。

クボタ・ショック以後に報告された事例でも、夫が造船所などアスベストを扱う職業に従事していた男性の妻や子どもが相当数、中皮腫や肺ガンで死亡していることが明らかになった。

環境省が二〇〇六年以来、尼崎、泉南などの国内数カ所で行っている、アスベストによる健康リスク調査でも、アスベスト曝露の証拠となる、「胸膜プラーク」の「所見あり」とされた者の約1割程度が家族曝露である。

第二章 クボタ・ショック

クボタ・ショック

作画／濵田麻衣子（はまだまいこ）

二〇〇五年六月、
兵庫県尼崎市、大手機械メーカー クボタの旧神崎工場とその
近隣で、過去十年間にアスベスト関連の疾病により
多くの従業員と近隣住民が死亡していたことが判明する。
この出来事はアスベストによる健康被害の存在を社会に広く
知らしめた。

二〇〇四年 六月初旬
大阪
ドキュメンタリー番組
制作会社
おはようございます!
社長!
ディレクター
野崎 朋未
これから万の単位で人が死んでいくらしい…
え?
アスベストでおこる〝チュウヒシュ〟とかいう病気だそうだ
その患者と家族の会というのが今年できたとラジオで聞いたよ
我々も関西だしそこを拠点にひとつ番組を作れないかな?
その病気で夫を亡くされた古川さんという人がその活動をしていて堺にいるそうだ
堺、古川さん

※解剖の結果、胸膜由来の肺せんがんであることが判明した

※『終わりなき葬列』(2005年5月28日朝日放送)を参考にして、ご家族の了承を得て描いています。

ほんとに…残念どころじゃない
ほんまに一生働いて働いて
それで…おしまいやもんね
一生…おしまいや――
二週間後
立谷さん…こんなに早く…！
本当に…資料にある死者数のひとつひとつが一人一人それぞれの人生の数なんだ
昔一緒に働いた仲間がアスベストが原因と知らずに死んでいっているかもしれない…
昔の仲間に知らせたい…！
そんな思いでカメラの前に病床の姿をさらけ出していた立谷さん…
番組を作ることで潜在的な患者さんが被害に気付くきっかけになれば…!!

※『終わりなき葬列』(2005年5月28日朝日放送)を参考にして、ご家族の了承を得て描いています。

私と同い年の普通の主婦が中皮腫に…
何故…!!?
なんとか原因をつきとめてあげられないでしょうか?
土井さんの職歴はウェイトレスにたこ焼き屋か…
かなり細かく聞いたけど手がかりがないわ
関西労働者安全センター次長・片岡明彦
学校の吹きつけアスベストでもなかったし…
ベラッ
あとは二十歳まで尼崎に住んでたってことくらいやね――…
う～～ん

ん?
これは…
クボタの工場か
クボタ
ちゃうかな…?
クボタ?
クボタ
旧神崎工場では
かつて大量の
アスベストを材料に
水道管や
住宅建材が
製造されていた
工場内では
アスベスト被害が
でてるって話
昔から
よく聞くで
Kubota
!!!
片岡さん!
私
クボタの周りに
調べに行くわ!!

二〇〇四年
十月二十八日
兵庫県　尼崎
ここがクボタ
旧神崎工場…
こんな近くに
保育園があるわ…
二人は
土井さんが
住んでいた
地名を
手がかりに
調べ始めた
昔の地名やなぁ
わからんわ
上川田って
どのへん
ですか？
いやぁ
知らんわ
アスベストが原因で
亡くなった方
中皮腫で亡くなった方
いませんか？
そういった
ことは
ちょっと…
昔なら
お寺さんは
こういうことも
知ってはった
やろうになぁ…

（二〇〇五年五月二十六日 朝日放送）より

そうして出会ったのが 二人目の証言者となる ガソリンスタンドの 女性社長 前田恵子だった
胸膜中皮腫 二〇〇三年～
二〇〇四年 十二月二十五日
どうも
去年 中皮腫の診断を 受けましたが アスベストに心当たりは 全くありませんでした
でも ある日 医師にクボタからの 距離を聞かされて はじめて 「これは公害 なのでは?」と 思い始めたんです
クボタの工場からは いつも粉塵が 舞い上がって いましたから…
でも相手は 大企業
勝ち目はないと あきらめていました…
…
成人してから 尼崎に住んでいた 前田さんは 当時の工場の様子を 詳しく記憶していた
この証言は 大きい! やっぱり クボタや…!!

そんなら一度
クボタについて
検討会を
開こうや
二〇〇五年
一月五日
クボタ検討会
飯田浩
尼崎市会議員
尼崎労働者安全衛生
センター事務局長
車谷典男
奈良医大
衛生学教室
熊谷信二
大阪府立
公衆衛生研究所
しかし
たった二人の患者で
クボタが原因とは…
ゴクッ
それがもう一人
クボタが原因かも知れん
Yさんという患者も
いるんや…
別ルートで
見つかったんやが…
※普通は
百万人に一人といわれる
中皮腫患者が
狭い範囲に
三人もいる…
…それだけで
充分やと思います!

とにかく現段階での証明は難しいですよ
もうちょっとデータが集まったら知らせて下さい
ガタッ
……
しかしその後三人目の証言者早川義一が現れる
入院している時クボタの従業員がいてその人からこれは労災の病気だと聞いたんです
それで労災申請したんですが職歴がないという理由でダメでした
胸膜中皮腫
二〇〇三年〜
右肺全摘出手術
妻
一月二十九日に放送された野崎さんの番組に私が出ていたのを知って会いに来られたんですよ
ええ家が近所で
しかも私と同じ病気だと知って驚きました
私たちはそれぞれ原因もわからず一人ぼっちで闘病してきました
でももう一人じゃないんです！

しかし三月になって…
Yさんが亡くなったそうや…
連絡がなくて心配していたが…
助けられなかった…!!
三人の患者さんもいつ病状が急変するか分からない…
早くなんとかしないと!
私と同じ尼崎市議の米田議員に相談してみよう
飯田さん!
彼はクボタのOBだし正義感のある人だ
三月中旬クボタ本社
住民グループがアスベストのことで話がしたいと言っています
話し合いの場をもうけてもらえませんか
尼崎市会議員
米田守之

そして飯田・米田議員がクボタとの話し合いをかさね
B5の紙一枚では話になりませんよ
情報の開示を!
社長!
四月中旬には社長の耳にも入った
…そうか
変な脚色や一部の情報をかくすようなことは会社のためにも良くない
説明や資料を求められたら誠意をもって開示するんや
クボタ社長 幡掛 大輔
そして二〇〇五年四月二十六日クボタとの話し合いが実現
クボタからは三人の部長が出席した
ズ

…
じっ…
…
かなり詳細な資料やな…
担当部長が一枚一枚丁寧に説明していく
アスベストの種類別の使用時期
使用量
環境測定のデータ
その作業工程
そしてアスベスト関連病死者数…
七十五人…!?
この工場の従業員だけで七十五人も亡くなってるんですか…!!
このあまりの人数に全員が唖然とした
…工場内でこれだけ亡くなっているのに
塀ひとつ隔てているだけで外に影響がないということなどありえるでしょうか…!?
…

工場の外にまで被害が及んでいるとは当時はわかりませんでした…
いつも工場の外の道は白くなっていました
あれはアスベストだったんじゃありませんか？
左肺の外側や胃が燃えるように痛くて眠れないこともあるんです
でも私のがんは進行していて手術不可能だと言われました
そして患者たちは病気になってからの辛い思いを語りはじめた
私も病気になるまでは元気そのものやったのに人生これからって時に…
自分の死ぬ理由を知らないままで
限られた残りの人生を有意義になんて生きられません！
病気のために仕事もかえなければなりませんでした
私が死んだ後の…家族のことが気がかりです
クボタの工場の中でいったい何がおこっていたのか
そしてそれが自分達の病気と因果関係があるのか…

「発病した原因を知りたい」
患者たちはただその答えを求めていた
夫はずっと医者知らずで私を無理やり山登りに連れて行ったりもしました
それほど元気だったのに今は痩せ細って…
くやしいです
皆さんは身に覚えのないアスベストで病気になっています
工場内で中皮腫になった人は労災認定されたのに
外部の患者が全く救済されないのはおかしくないでしょうか？
…
これは…公害です!!

重い空気の中
答えは得られないまま
一時間余りの話し合いは
終わった
ゾロゾロ
ダッ
米田さん!
よろしくお願いします!!
古川さん…
三人の患者さんを
よろしくお願いします!!
!!
重い問題だが
できるだけ正面から
取り組んでいこう
企業として
今の時点で責任を
果たす方法はないか?

患者さんたちは治療費に苦労してはるやろうから
できれば人道的な立場から救済したい
いや！
神崎工場が原因と決まったわけではないのに責任を認めるようなことはできない！
それに金銭を支払えば「口封じの金」と受けとめられないかが心配だな…
因果関係を立証するには時間がかかる…
だが患者さんたちが強い疑念をもっていることはたしかだ
現金を支払うことを株主に理解してもらえるだろうか
まだ工場と病気の因果関係は不明だが
患者の方たちは今苦しんでいる
可能性がゼロではない以上
誠意を示そう！

※悪性中皮腫は予後不良な病気であり、非常に進行が早く、診断から一～二年で亡くなる場合も多い

クボタに問い合わせると
『近隣住民の方が中皮腫を発病されて苦しんでおられることに対して
長年当地で操業してきた当社として何かできることはないかと考えてお見舞いをさせていただくことにしました』
とのこと
Kubota
クボタは「お見舞い金以上でも以下でもない」と言っています
受け取って下さい
!!
古川さん…！
これだけの金額です！クボタに因果関係を認めさせるきっかけになります
クボタは少なくとも近隣住民に中皮腫患者がいることを認めたわけですから！
今後被害状況を訴えていく上での心の肥やしとして——

コクッ
そして二〇〇五年五月二十八日野崎さんらの制作した朝日放送の番組「終わりなき葬列〜発症まで30年、いま広がるアスベスト被害〜」が放送された
終わりなき葬列
発症まで30年
いま広がるアスベスト被害
クボタ周辺住民の中皮腫について言及した内容でクボタへの取材シーンもあり反響に期待したが…
周辺で患者が出ているというのは患者から話がくるまで全く知らなかった
"大手製造会社"!!?
なんやこれは!!
クボタの名は伏せられ
確証がない状態で実名報道はできないのだろう…
一部の研究機関をのぞいては注目されずマスコミや市民の反応も薄かった
社名は出なかったし
私たちのしてきたことは意味がなかったのかな…
しかし見舞金受取りの前日事態は急変する

二〇〇五年六月二十九日
毎日新聞夕刊が
「十年で五十一人死亡
アスベスト関連病で
クボタが開示」
10年で51人死亡
社員らを支援 クボタが開示
住民5人も中皮腫
クボタ
見舞金検討 2人は死亡
「住民五人も中皮腫
見舞金検討
二人は死亡」と
報じた
続いてすぐ
朝日放送が
ニュースで取り上げ
クボタは
その日のうちに
記者会見を行った
パシャ
パシャ
!
古川さん！毎日新聞が
記事にしています！
それで
十八時から――…!!

情報は一気に日本中を駆け巡り
潜在していた多くの被害者や遺族が名乗りを上げ
全国的にアスベスト被害に対する意識が高まった
夫が中皮腫で入院しています
父が中皮腫で亡くなりました
そして六月三十日予定通り三人の患者たちに見舞金が手渡された
それぞれ病気の原因もわからずに孤独の中にいた患者たちが

数々の
巡り合わせを
経て
ここに辿り
ついたのだ
「クボタショック」は
市民運動が
事態の告発へと
繋がった初めての
事例となった
米田さんも
ありがとう
ございました
あの時
あなたに言われた
「よろしくお願い
します」が
忘れられなくてね
そして
証言者たちの精神は
やがて泉南の裁判などへ
受け継がれていく——
しかし
患者たちにとって
見舞金を
受け取ることが
終わりではない
クボタはまだ
工場と病気の
因果関係を
認めていない!
アスベスト公害に対する
よーいドンの
号砲が鳴った!!

新たに発覚した
被害者・遺族たちが
次々と見舞金・弔慰金を
受け取っていく中で
八月下旬には
発症者数が
二十人を超えていた
補償問題に
踏み込むべきだ！
責任ある
立場の者が
まず謝る
べきだ！
いくらもらっても
社長からの
謝罪がなければ
意味のある
お金にはならない!!
しかし
新しい動きは
みられなかった
患者たちに
残された時間は
限られている
裁判に
踏み切ろうと
する者を
諫めながらも
進まない
クボタとの交渉
心身ともに
疲弊していくような
最も苦しい時期を
迎えていたのである

その状況を変えたのは車谷典男と熊谷信二が行った疫学調査だった
クボタの工場から飛散したアスベストが原因であると推定される
と結論づけたのである
それを受けて二〇〇五年十二月二十五日
ついに
やっと…!!!
クボタのアスベストの影響だという可能性は否定できません
周辺住民の中皮腫発症状況
N
兵庫県
福知山線
名神高速
園田駅
阪急神戸線
1500m
1000m
500m
山陽新幹線
JR神戸線
尼崎駅
クボタ旧神崎工場
大阪府
阪神本線
尼崎駅
43
2
※2008年6月25日
神戸新聞の記事
「石綿禍の闇
クボタショック3年」
(Web版より)

クボタの幡掛社長が
患者や遺族ら
約七十人の前で
謝罪した
そしてクボタは
「工場の
塀の中と外で
差をつけるという
考えはない」
と
周辺住民に対する
社員並みの
補償に向けて
動き出した
前田さん
体調
だいぶ辛そう
だったわね
大丈夫…？
ええ…
でも
死んでも
会場から
出るものか
って…
決めて
いたのよ

クボタは
患者・遺族との
交渉の末
最高で四千六百万円の
救済金を支払う
ことになった
そして
クボタの早期決断は
長引く公害訴訟を
回避した点で
評価された
しかし
アスベストによって
変わってしまった
被害者・遺族たちの
人生が還ってくる
わけではない
二〇〇六年
三月二十七日
「石綿健康被害
救済新法」施行
それを
見届けるかのように
前田恵子が逝去した
二〇〇七年
十月二十二日には
土井雅子が逝去
彼女が
手術で摘出した
肺の組織からは
大量の青石綿が
検出されたという
（二〇〇六年調べ）
アスベスト被害について
最後まで声を
上げ続けた
早川義一も
二〇一一年
六月二十一日に逝去した

救済金支払いを
認められた
クボタ周辺住民の
人数は
二〇一一年
三月時点で
二百十二人にのぼる
今
企業だけでなく
アスベストを許して来た
国の姿勢が問われている
大量のアスベストを
利用してきたこの国で
その代償はこれからも
問われ続けてくるだろう
アスベスト問題が
終わっていないことを
決して忘れては
ならない
それは
アスベスト禍と
戦う者たちの
切なる願いでもある

第三章

泉南——国賠訴訟の原点

泉南——国賠訴訟の原点

作画／榎（えのき）朗兆（あきよし）

泉南では、被害者が出ても補償金など払えない小さな工場が多かった。
ましてや現在、それらはもはや存在しない。
そもそも石綿の危険性をよく知っていたのは、労働者でも事業者でもなく、国であった。
それゆえ、国に責任を問わなければならない。

二〇〇五年 六月
尼崎のクボタによる
石綿被害が
大々的に報道された
俗に言う
「クボタショック」
である
6月25日 土曜日
10年で51人死亡
クボタが開示
関連病で
毎朝新聞（夕刊）
周辺住民も中皮腫
アスベスト旧工場
クボタ
えらいこっちゃ…
柚岡一禎（ゆおか かずよし） 氏
クボタの
石綿関連による死者は
計七十九人に達しており
被害の大半は
同社旧神崎工場に
集中していることが
わかりました
クボタによる会見
兵庫・尼崎
尼崎の方
大変ですねぇ
いや！

尼崎だけや
ないで!
会社ひとつ
工場ひとつで
これ程の騒ぎ
なんや…
ザザッ…
地域まるごと
石綿産業に携わってた
ここ〝泉南〟の被害は
計り知れん!!
恐怖を感じた私は
報道を見て関心を持った
知人ら数人と
後日話し合った
ひとまず
整理しよか
ここ泉南は
大阪の南西に
あって
京都府
兵庫県
大阪府
泉南地域
和歌山県
昔から繊維業が
伝統産業として
盛んやった
そやけど
時代とともに廃れて
いってしもたんや

それで百年前
古い紡績技術を応用できる
石綿紡織業が始まったんや
農業用水路で
水車回して動力に
利用できたし
石綿を輸入する
堺港も近かった
しな
そや
戦前は数十社の
工場があった
その後二度の世界大戦で
軍事的な需要が増えて
大きく発展していった
わけや

その頃の
写真がこれ
おっ
当時の石綿業界が
海軍に寄贈した
攻撃機「石綿号」や

太平洋戦争中は
軍の指定工場になる
とこもあって
潜水艦や戦闘機やらの
耐熱素材づくりに
忙殺されたいう話やった

そういや
柚岡さんとこも昔
石綿工場やって
たんですよね?
そう
私の祖父も
大正一〇年に
起業しとった…
せやけど敗戦で
石綿産業は
停滞してしもて
うちも含めて
特殊紡績に
移る工場が
相次いだんや
特殊紡績
って?
石綿と同じ機械で
毛布や敷物用の
糸を造ってたんや

余った紡績機械を
主に在日韓国人の人らが
買い取ったんやな
中古やから
少ない資金でも
起業できたと
3K職場の
石綿工場で働いたのは
在日韓国人や
田舎から出てきた者
炭鉱の閉鎖などで
失職した人ら
キ・キツイ
キ・キタナイ
キ・キケン
いわゆる
低所得労働者が
多かった

泉南の石綿工場は
多くて数十人
小さいとこでは数名いう
零細工場がほとんどやった
高度成長期には
自動車や造船とかで
石綿需要がまた伸びて
最盛期には二百社くらい
工場が固まってたんや
まさしく
「石綿村」
ですね

泉南の大方の人は
何らかの形で
石綿に関わっとったわ
働き手や
経営者
子供時代の
遊び場として
泉南いう
町そのものが
ひとつの大きな
石綿工場みたいな
もんやった

こうして
いつも身近な所で
石綿と接する
生活をしてきたが
石綿が代替品に
代わられるように
なってからは
次第に工場は
消えてった…

ところが この
クボタショックや!
広がる「クボタショック」
尼崎クボタ周辺突出
住民被害さらに21人
当たり前のように
あった石綿が
泉南の人らの身体を…
命を蝕んでたんや!!
しかし尼崎の
クボタと違って
泉南には今
工場は一つも
残っとらんねんで
わがまち泉南市
補償を
受けるどころか
訴えることも
できんがな
それは…

正直なところ
私もそれを考え
躊躇したんや
けどとりあえず
知らんことには
何も始まらんやろ
この泉南における
事実を把握することが
大事やと思ったんや

まずは
調査や
石綿工場で
働いとった人らが
その後どうなって
いるか…
調べてみいひんか？
それやったら
私の知り合いにも
おりますよ！
ほんまか

市立
ええ
ただ今は
だいぶ体壊して
入院してはるん
やけど…

失礼します！

ハッ
ハッ
この通り…
酸素吸入がないと
息もできひんし
ハッ
痰もからんで
しゃあないんん
ですわ
ハッ

…向かいの
ベッドにね
ス…

前におった
患者さんも
石綿工場で
働いとったんです
症状も
似てましたけど
さらにノドの手術
してはったもんで
毎日毎日
咳する度に
洗面器に
血を吐きはって

ある朝起きたら
大量に血を吐いた
洗面器を抱えたまま
息絶えて
はりましたんや

彼は
病気の原因を
知らんまま
死んだんです
咳や痰は
体質的なもんや
と思って
けどもし
その原因が
石綿やったとしたら

わしも
あんな死に方
するんかいなと…

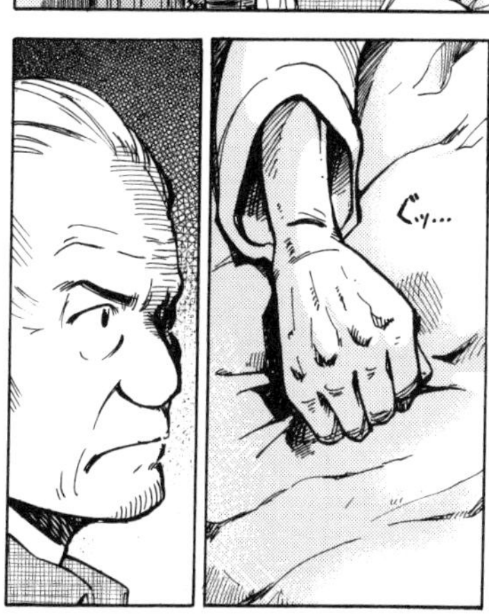
ぐッ…

ザッ

なんとかせな…
被害者を救済
せなあかん!!

その後も数人の
石綿従事者を訪ねた私達は
二〇〇五年十一月十三日
大阪じん肺アスベスト弁護団の
呼びかけを受けて
阪南市で集会を開き
国賠原告を励ます集い
「泉南地域の石綿被害と
市民の会」を
発足させた

市民の会では
※健康管理手帳の取得
労災申請
石綿新法の手続など
様々な活動を行っている
その中でも最も
重要な仕事としているのが
「聞き取り」活動で
当時の工場の場所や
労働環境などを
石綿従事者や
地域の古老一人一人から
聞いて回る

※健康管理手帳「がんなどの健康障害を発生させるおそれのある業務に従事し、要件を充たす場合、退職後、住所地の都道府県労働局長に申請し、審査を経て交付される。交付されると、指定医療機関で健康診断を年2回、無料で受けることができる」

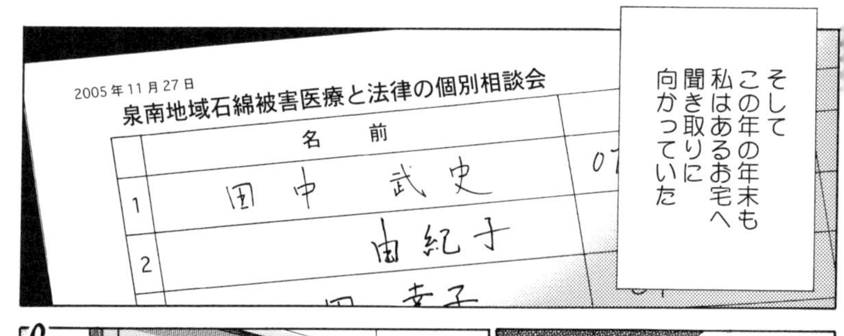
そして
この年の年末も
私はあるお宅へ
聞き取りに
向かっていた
2005年11月27日
泉南地域石綿被害医療と法律の個別相談会
名前
1
田中 武史
2
由紀子

この人らは先日
父娘で相談会に
来てはったんか
医者の所見では
父親が石綿肺とあるけど
職業はバスの運転手
なんだよな…はて？
田中
ピンポーンッ
こんにちはー！
市民の会の
柚岡言うもん
ですけど！
ガチャッ

お待ちしてました…
狭いとこですけど
どうぞ
失礼します

どうぞ
父です

おじゃまします
市民の会の柚岡です
田中武史です
わざわざすみませんなぁ…こちらから行かせてもらえればええんやけど最近少し歩くと息が苦しくて──
うっ
ゲホッ
ゴホッ
ゴホッ!!
カハッ
ふっ…ふっ…すみませんな…最近はずっとこの調子で…
ハァッ
ハァッ

いや
大丈夫です
…田中さん
こないだの相談会で
診断の結果を
お聞きになったと
思いますが…
石綿肺ですやろ？

正直ショック
でしたわ
けどテレビで
クボタショックの
ニュース見てからは
そうやないかと…
す…
そやけど
バスの運転手を
してはったん
ですよね？
昔 石綿の仕事
してたんですわ
私の妻も
そうでした

…そのお話聞かせてもらえますやろか？

コクリ

私が生まれたのは泉南のここから少し離れたとこで…
父は物心ついた頃にはおりません
〝おかん〟が女手一つで私と二人の妹を育ててくれました
おかんは泉南の生まれとちゃうから働き口がなく知り合いの紹介でなんとか石綿村の工場に入りましたんや——
日用雑貨
ハキモノ

一九五一年 春（昭和二十六年）
おはよー ございます！
はい おはよう
おはよー ございます!!
キーンコーン カーンコーン
おはよう さん！
キーンコーン カーンコー
おはよう 村井の おばちゃん!!
おはよう ございます！
あら 武史くんやんかぁ
武史の母・悦子
田中武史　十歳
今日も学校 行かんの？
たけし にーやん！
にーやん
うん… しゃあないけど おかんと一緒に 働きに来た！
そうかぁ えらいなぁ
さっ 早よ入り！

この地域では
家計の苦しい家が多くて
僕もこの歳から働かんと
やっていけんかった
谷石綿工場
担任の先生も
「困ったなぁ…」としか
言えんかったんですわ
グッ
よしっ
君らは危ないから
機械から離れて
遊んどくんやで!!
ぷぅー!
にーやん
ひも
くくってー!

ここで働いてるのは
僕とおかんと
村井のおばさん…あとは
男女五人の計八名で
近所の工場も大体
そんな大きさでした
なにして遊ぶ?
キャッ
ケンケン!
キャッ
みんな必死で
働かなあかんもんで
小さい子供は
当たり前のように
工場に連れて来てたんです

キュ
あら
武史くん
ありがとう!
ほな
行きましょか

モウッ…

おはよう
ございます！
おお
おはよう！
いやぁ
ひどいな～

掃除したばっかしだに
またすぐ石綿が
積もってしまぁわ
べっとり…

武史君
カード機のとこ
掃除しといてくれ！
はい！

粉じんは
放っておくと
固まってしまうので
しょっちゅう掃除する
必要がありました
モサ
モサ

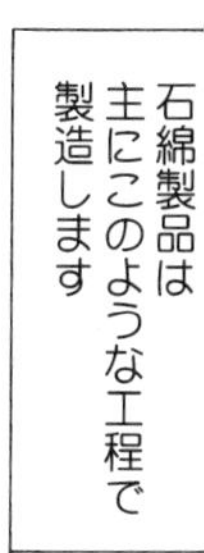

石綿紡績の工程

オプナー	石綿の原石をミキサーで砕く
↓	
混綿	石綿と綿を混ぜる
↓	
梳綿（カード）	固まりを解きほぐし均一な粗糸（篠）にする
↓	
精紡（リング・ロービン）	篠にひねりをかけ糸に仕上げる
↓	
撚糸（インター）	石綿単糸を２～５本合わせひねりをかける
↓	
織布（クロス・リボン）	石綿糸で布を織る
編組（パッキン紐）	石綿糸を編み上げロープ状にする
↓	
製品	

ゴッ

ガシャーン
ガシャン
んっ？
チカ
チカ
きゃっ
きゃっ
舞い散る粉じんは
太陽の光で
キラキラ輝くんです
この工場の中で
輝く粉じんの
全てが
石綿でした

おはようさーん
社長!
おはようございます!
みんな揃っとるん…かな見えへんやん
モワモワ
まあええ
斎藤の故郷の隠岐島でもとれよるひおうぎ貝を和歌山の知り合いにもろたんや
昼飯ん時にみんなで食おう!

しもたっ焼くために敷くもんあらへんがな
なつかしいっすわー!
おいしい言うとったもんな
何か代わりの物…

そや!石綿の布持ってきて!

よっしゃ
そんな上で焼いて大丈夫ですのん?
かまへんかまへん!
石綿なんか口入れても害ないさかい!むしろ隠し味やがな!

社長さんには
悪いけど
昼飯くらいは
空気のマシなとこで
食べたいよなぁ
ハム
ハム
うん
工場で食うのは
気がしれんわ
さてと
お母さん 先に
仕事戻るわ
え
もう？

人手が少ないし
休憩はなるべく
短くせな！
ポーン！
あんたは
ぎょうさん
食べるんやで！
…うん
お！
田中さんやろ？
工場で働いとる
ちょうど
よかったわー
ああ
宮本さん…
こんにちは

見てみ
あんたのとこから飛んでくる石綿がウチの野菜にこびりつきよんのや
こんなんなったら出荷でけへんねん
あら…っすんません！
石綿はあんたらの仕事やろ？自分らの中だけで収めてくれんと
こんなん続いたら工場に直接文句言わなあかんことになるで
ほんますんません
社長には気ぃつけるよう言うときます
武史ホラ！早よ食べて仕事戻ってきいや
ううん！
キーンコーン
カーンコーン
あ…
キーンコーン
カーンコーン
ちょうど昼休みも終わりか…

そういや
何ケ月学校に
行っとらんねやろ…
ボソッ
みんなと
野球したい
なぁ…

って余計なこと
考えちゃったよもう!
きそうになるわ!!
ガバァッ!

おとんが死んでからは
僕も働かな
飯も食えへんねんから
甘えるわけに
いかんやろ!!

ぬぁ
あああ!!
たけし
にーやん
雪だるまみたく
なっとる!

混綿作業は石綿と綿を
全身を使って
混ぜ合わせますから
シャツやズボン
下着の中にまで
石綿が入ってきましてね
それがまた
チクチクと
痛かゆかった
もんですわ…

ホラ！
家入る前に
はたいて！
ボフ
ボフ

腕にはりついて
取れへんわ…
それに口の中
じゃりじゃりする
ぺっ
ぺっ
大丈夫や
死にはせん
さ、早よ入り

お父ちゃんに
手合わし
ときや！
うん
パサッ

村立小学校
春の行事予定
5日 校内野球大会
6日 春の遠足
行き先

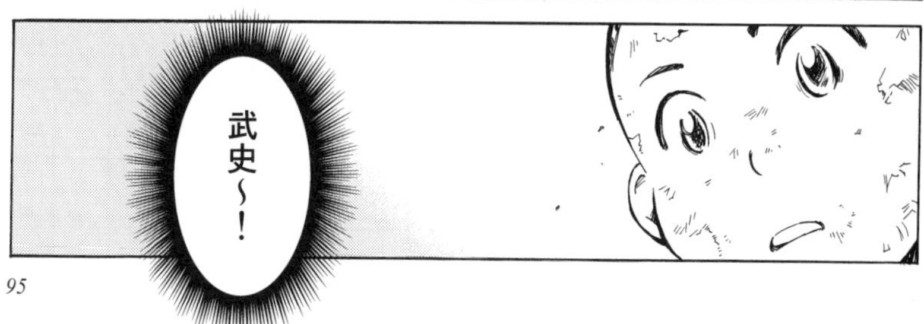
武史〜！

雄二！
今日早いな
サボりか？
アホ！
土曜やから
午前で終わりや
…
あ
そっか

武史ぃ
学校来いって！

みんなで
野球やろ
言うてたやん
お前が
ピッチャー
やってくれんと
勝てへんねんぞ！

…なぁ
おかん
どうしたん？

……
ううん
何でもない
スッ

ス…
ただいま〜…
!

しょうらいの夢
野球せんしゅに
なるぞ
ぜったい

結局僕は
野球をする
どころか
中学に
通うことも
できませんでした

それから
十年後
一九六一年
(昭和三十六年)
せ〜や〜
か〜ら〜!!

毎年毎年
ここの石綿のせいで
ここら辺の野菜が
ダメになっとるんや!
見てみ!!

どんだけ石綿
まき散らしとるか
工場の屋根見たら
一目瞭然やないか!

すんません!
今後もできる限り
外に出さんよう
気をつけますんで
今日のところはどうか
勘弁したってください!
田中武史　二十歳

ホンマ
ちゃんとして
くれよ
これはウチだけやない
泉南の農家みんなが
抱えとる問題なんや

――いくら
石綿は食べても
平気や言うても
出荷できん
かったら
あきません
もんね…

せやけど粉じん
巻き散らすな
言われても
無理やで～！
あ！おった
武史く～ん
ハァ…

工場裏で
女の子が
呼んでるで～
は？

確か… 新入りの
金本美千子さんや
オロ
オロ…

金本さん
何か用け？
あわっ！
た 田中さん

あ、あのですね
田中さん
今日もし
よかったら…
その…
う
モフッ

はぁぁもう
何でこのタイミングで
石綿降ってくんねん
バフ バフッ
あっはは！
ほれ 頭にも
いっぱい
ついとるで！
ポーン

キャッ！
ガバッ!!!
え…
あー
泣かせ
よった
うわー
いや
ちゃいますよ！

この年
僕は美千子と
結婚しました
その頃には妹たちも
結婚してましたから
家を売り払って
社宅に移ったんです
お茶
入れました！
美千子ちゃん
そろそろ
仕事休んでも
ええねんで
お母さん
大丈夫です！

林さんも
出産ギリギリまで
夜勤してはったし
子供のためにも
お金を作っておかないと！
まもなく由紀子が
産まれました
そう…今思えば
この時が一番
幸せでした――

一九六二年
（昭和三十七年）
夏
ゴボ…
ゴホッ！
ゲッフゥ
フゥ…
おかん
まだ風邪
治ってへんのか
いっぺん
病院行った
方が…
モシャ
モシャ
大したことないわ！
それより
早よ食べな
遅刻すんで！
オレンジ
シャリッ！
あらら
ほらもう
でかい咳
するから…
びぇえええ
ああああ
あ
ちゃうわ
ご飯の中に
石綿入っとった
んやわ
チクっとした
んちゃうの
ああ
またかいな

それから
おかんは体調を
よう崩すように
なりました

三年後 結局
おかんは工場を辞め
僕が深夜も働くことに
なったんです

ゴホゴホッ
ゴホッエホッ
ゴホッ！
ちょっ
田中さん
大丈夫かいな！

はぁ…
すんません
最近…ちょっと
息苦しくて…

あらー
咳はこわい
からなぁ
うちの旦那も
畑仕事が生きがい
やったのに
咳がひどなって
家にこもるように
なったんよ
田中さんも
気いつけな
あかんで！

せやけど…
病気ひとつして
こんかったのに
元気だけが
取り柄
やったのに…
何で咳だけで
こんなに……
はぁ
はぁ…

昭和五十年代の半ばには安価な石綿製品が中国や韓国から輸入されるようになりました
そのため石綿工場は次々無くなりここも経営難で閉めることになったんです
二十九年も働いたな…
ひどい職場や思ったりもしたけど
なんやかんや楽しかったか…
田中武史 三十九歳
おかんとずっと一緒に働けたし美千子とも出会えたし
いま由紀子と家族四人で暮らせるのは
この工場のおかげか
こうして僕は石綿以外の職を探すことになり――

プシュー！
区役所前
ワンマン

僕はバスの運転手に転職したんです
ご乗車ありがとうございます

中学校も卒業していない僕がなんとかありつけた仕事でした
コホン…

田中
武史・悦子・美千子・由紀子

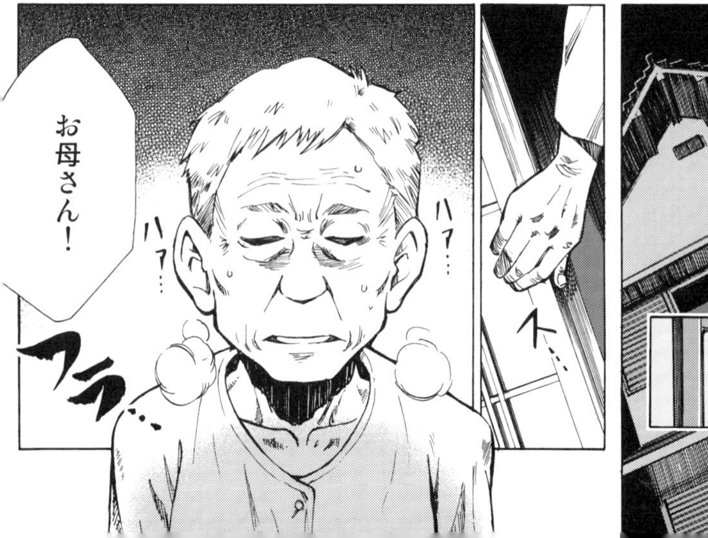
ス…
お母さん！
ハァ…
ハァ…
フラ…

もう風呂から
上がらはったん
ですか？
息苦しくて…
5分も浸かって
られへん…

悪いんやけど
着替え手伝って
くれへんか？

……はい

おかんは
咳のせいで眠れず
飯も満足に
食えなくなり
美千子もまた
家事と看病で
疲れきっていました

おかん！
明日いっぺん
病院行こう
ええわ…
しんどくて
歩けん…
外に…出られ
へんねん…

なんで…
そんなんなって
しもてん…！

診察受けたら
なんか治療法が
あるかもしれんやんか！
おかんも
わかるやろ？
美千子かて
疲れとるんや…

僕かてそうや！
小五から働いて
学校にも行かんと
友達とも遊ばんと
結婚して
由紀子が産まれて
ようやく幸せになれると
思たら今度は
おかんが病気や
しかも
病院行かんから
具合はどんどん
悪なってる…

何とかしようと
思わんのかいな

ええわ
行かへん
ドン！

それやったら
早よ死ね!!

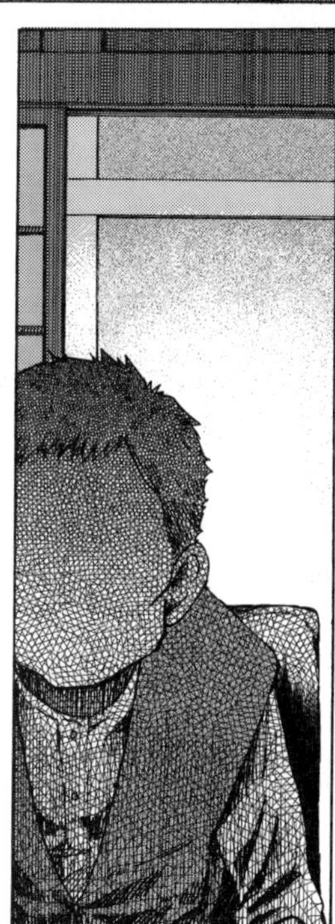

その後一九八七年（昭和六十二年）
おかんはうちで倒れ意識の戻らんまま四日後に死にました

「死因は肺炎」
当時の僕はその病名を露ほども疑わんかったし
正直 看病から解放されてホッとしてしもたんですわ…

ハァッ
ハァッ…

僕もだんだんと
咳をする
ようになり

バスの運転手も
辞めるしか
なくなりました

こうなったら
老後を家族で
ゆっくり過ごそう

そう思ってるうち
今度は美千子が
入院です

病名もよく
わからんまま その内
酸素チューブを外せん
体になりました
いつもチューブに
引っぱられて
まるで
首輪に繋がれた
犬みたいや…

そんな折に
クボタショックの
ニュースを見て
もしやと思い
「市民の会」の
相談会に
行ったんです

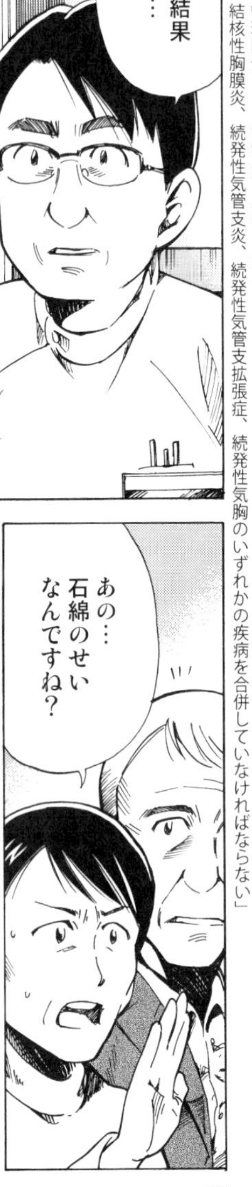

※管理区分「じん肺管理区分」は症状の重さを表す。4がもっとも重症。区分3の場合、石綿肺だけでは労災認定されず、認定には肺結核、結核性胸膜炎、続発性気管支炎、続発性気管支拡張症、続発性気胸のいずれかの疾病を合併していなければならない」

アルバム
持ってきたで…

ん…

お父さん
学生時代の写真
無いね——
ん…

しょうらいの夢
③
野、球せんしゅに
なるぞ
ぜったい

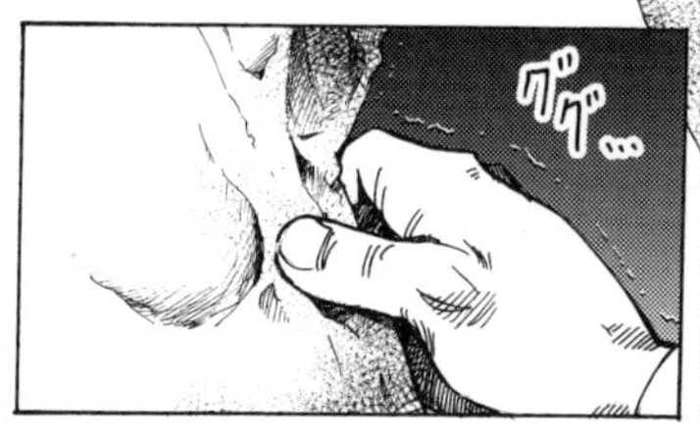
グゲ…

人手が少ないし休憩はなるべく短くせな！
僕も働かな飯も食えへんねんから甘えるわけにいかんやろ!!
ずっと貧しかった！いくら稼いでも貧しい生活は変わらんかった！
子供のためにもお金をつくっておかないと
だからこそ一生懸命働いたんや僕も！美千子も！おかんも!!
いま家族四人で暮らせてるのは
この工場のおかげか…
せやのに…！その結果おかんらは原因もわからんまま死んでしもたっ!!

早よ死ね!!
ガタッ
お父さん!!
あ…
ごめんなおかん!!
僕らのために
働き続けてくれたのに…
あの世で会ったら
土下座して謝らな
あかんな…

くそう…
一生懸命
働いてる最中に
石綿は僕らの身体を
蝕み続けて
いたなんて…
僕らの
身体を…！

……
由紀子
お前は
大丈夫なんか？

あんな
今まで
黙ってたけど
最近ウチも
よう咳すんねん…

すまん
許してや…
ごめんな…

──石綿が身体に悪いと知ってたら
誰も働かんかったはずなんです

誰かがそれを教えてくれてたら
妻もおかんもあんなに苦しんで死ぬことはなかった
そんなあてのない怒りでいっぱいになりました…

ゴホッ
ゴホッ

※国家賠償請求　泉南裁判の争点は、国はアスベストによる健康被害の危険性を以前から認知していながら、適切な規制を怠ったという「不作為」の責任である。これは、国家賠償法第一条「公権力の行使」に該当する

原告二十九名
うち被害者は
二十六名──
裁判の中で
我々はある資料を
提出した
裁判所
戦前に旧内務省が
作成した
泉南の石綿被害に
ついての報告書
アスベスト工場に於ける石綿肺の發生狀況に關する調査研究
保險院社會保險局健康保險相談所
これによって
昭和四十年代以降
岸和田労基署が
石綿工場の実態を
調査していたことが
明らかになった
国は
知っていた
対策を
取ることが
できた
しかし
やらんかった！
戦後の経済発展のために
泉南という町は必要であり
そのために
国や大きな企業は
石綿の利用を
後押しする
業界は
「規制がないから
使っても大丈夫」と
考えてしまった
今日の石綿被害者は
国が経済発展を優先し
弱者の命や健康を
ないがしろにしてきた
結果なのです！

今では毎日
家でほとんど
横になってるだけです
酸素を
吸っても吸っても
息が苦しい…

父は石綿工場で
働いたことは
ありません…
しかし工場の裏で
農業をしてきた結果
石綿肺になりました

普通に
生きて
普通に
死にたかった

裁判の期間中も
我々支援団体は
被害者と共に街頭デモや
諸団体への要請を行った
国は謝罪し賠償せよ！
大阪泉南アスベスト国賠訴訟
市民の会の相談で
これまで話を聞いた人は
六百名を超えている
国はアスベスト被害に対する謝罪と賠償を！
大阪泉南アスベスト国賠訴訟
その人たちの多くが
田中さんと同じ
地獄の中にいるのだ

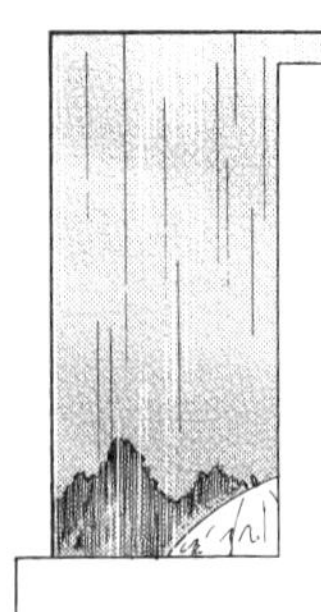

二〇一〇年
五月十九日
勝訴
泉南アスベスト被害
国の責任を認める
泉南アスベ
大阪地裁は石綿被害で
初めて国の責任を認め
被害者二十六人に
計約四億三千五百万円の
賠償を命じた

しかし
その判決を素直に
喜べなかった
人達もいる
バンザーイ
バンザ

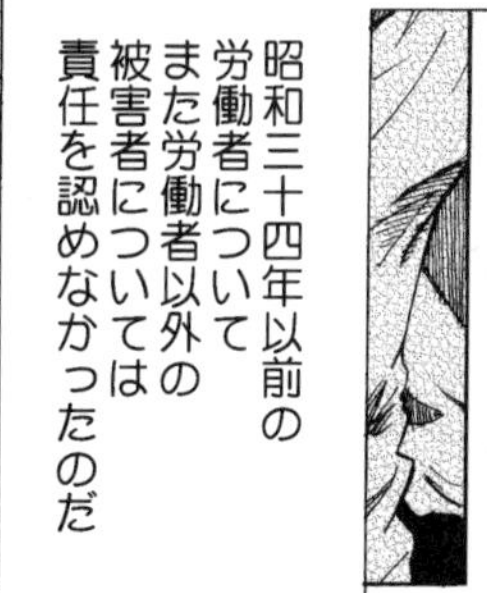
昭和三十四年以前の
労働者について
また労働者以外の
被害者については
責任を認めなかったのだ

六月一日
国は控訴し
和解協議も拒否
我々も六月二日
全面勝利に向け
控訴した

そして
二〇一一年八月二十五日
大阪高裁判決
出てきた!!
タタタ…
大阪高等裁判所
バッ!
不当判決
ざわっ…
うそや…
うう…
信じられへん…
!?
うわあああ
いやああ
一転――
我々の訴えは
すべて棄却された

今朝
原告やった母が
亡くなったんです
カシャ
パシャ
パシャ
母もさんざ
苦しんだのに…
生きてても
こんな判決
とても言えません

控訴以降
判決を待てずに
亡くなった原告は
五人にのぼる

その我々に高裁は
「産業の発展のために
国民が死ぬのは
しょうがないこと」
と言い放ったのだ

※国の賠償責任の範囲を、旧じん肺法が制定された一九六〇年から排気装置設置を義務付けた一九七一年までの間の三分の一に限定。出入り業者については初めて国の賠償責任を認めた。

田中
手紙ですか？
ええ
命あるうちに救済を！
今年に入ってから亡くなった二人を含め平成十七年の提訴以来第一陣で七名
第二陣では提訴前にすでに十五名の原告が亡くなっています
生きてる者も高齢と病気の悪化で苦しんでますしとても裁判まで待てませんですから――

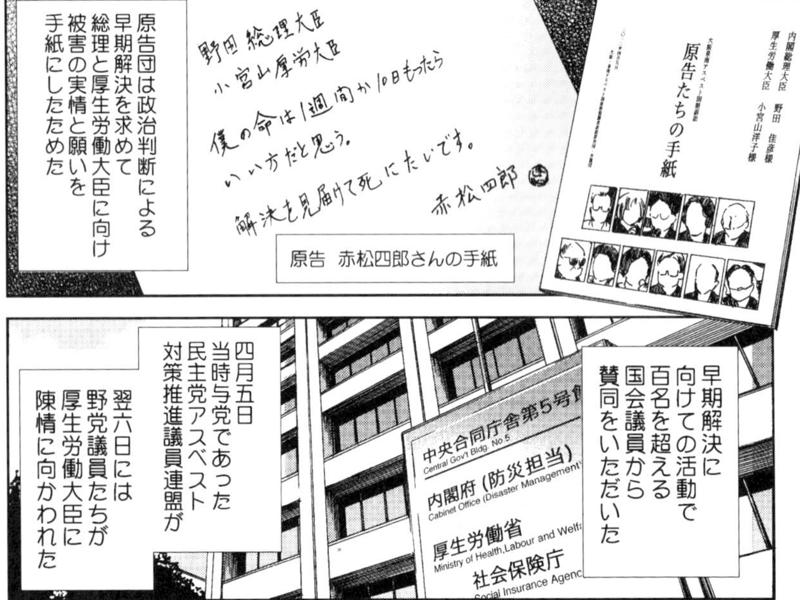
内閣総理大臣 野田 佳彦様
厚生労働大臣 小宮山洋子様
原告たちの手紙
野田総理大臣
小宮山厚労大臣
僕の命は1週間か10日もったら
いい方だと思う。
解決を見届けて死にたいです。
赤松四郎
原告 赤松四郎さんの手紙
原告団は政治判断による早期解決を求めて総理と厚生労働大臣に向け被害の実情と願いを手紙にしたためた
早期解決に向けての活動で百名を超える国会議員から賛同をいただいた
中央合同庁舎第5号館
Central Gov't Bldg. No.5
内閣府（防災担当）
Cabinet Office (Disaster Management)
厚生労働省
Ministry of Health,Labour and Welfa
社会保険庁
Social Insurance Agenc
四月五日当時与党であった民主党アスベスト対策推進議員連盟が
翌六日には野党議員たちが厚生労働大臣に陳情に向かわれた

しかし
その四月六日
泉南アスベスト訴訟　国が控訴
国は今日
最高裁で係争中の
先行訴訟と同様の
対応を取る必要が
あるとして
控訴しました

控訴審では
厚生労働大臣が
リーダーシップをとり
迅速な主張立証に
努めることで―
最高裁まで
引き延ばすっ
ちゅうことけ…
弱い者の声は
届かへんの…!?

二〇一三年
十二月二十五日
大阪高裁は
第二陣訴訟にて
国の責任を認め
第一陣と
判断を分けた
大阪・泉南アスベスト国賠訴訟
2陣高裁 勝利判決報告
勝訴
三度国を断罪
翌年一月七日に
国は上告
一、二陣ともに
最高裁で争う
こととなる
せやけど
もし最高裁で
一陣のような
判決が出て
判決結果に
原告の面々が
生きる気力を
失ってしもたら…

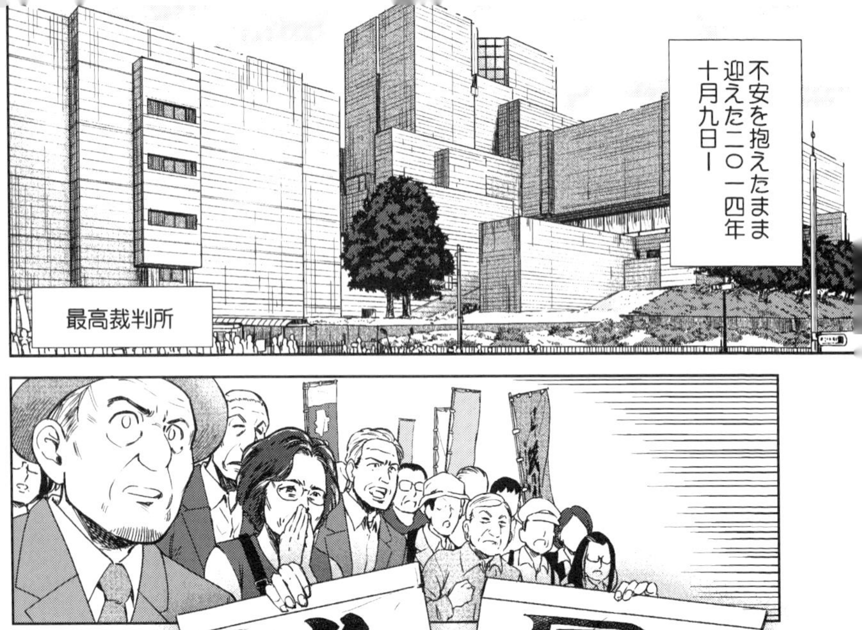

不安を抱えたまま
迎えた二〇一四年
十月九日ー
最高裁判所

勝訴

最高裁
国を断罪

第二陣の原告
五十五人中
五十四人への
賠償命令が確定

第一陣の原告
三十四人のうち
二十八人については
大阪高裁へ差し戻し

※一九七一年以降に
就労していた
三人については
敗訴が確定した

※最高裁では国の責任を一九五八年から
一九七一年までの間と認定した

判決を重く
受け止めています

国の責任が認められた
原告の方々には
誠に申し訳ないと
思うとともに

今後判決に従って
対応していきたいと
考えております

厚生労働大臣(当時)

十二日後の
十月二十一日

厚労大臣は会見で
近く原告団と直接面会し
謝罪するとともに

―また大臣は高裁に
差し戻された原告にも
和解を申し入れ
早期解決すると
しています
ゴホッ
ゲホッ
ハア…
この結果
お父さんも
もっと早よ
聞きたかったな
裁判中に亡くなった
原告は十四名
提訴前と合わせると
六割近くの被害者が
この世を去り
今もその数は
増え続けている
――最高裁の判決後
厚労省は訴訟を起こしていない
同様の被害者にも
裁判の上で和解し
賠償金を支払う方針を示した
しかし国の
周知活動は
不十分で
アスベスト産業に
従事していたことを
公にしたくない
被害者もいるために
二〇一七年十月時点で
二千三百十四人もの
対象者が訴訟を
起こしていない

泉南石綿の碑
賠償には発症や死亡から二十年経過すると請求できなくなる制限もあり
すでに約百五十人が除斥
うち五十四人が最高裁判決以後に請求権を失っている
国は人のいのちと健康を守るために速やかに適切な措置を行わなければならない
それはアスベストの被害者だけに言えることではないのだ
だからこそ私はすべての被害者を救済できなかった今回の判決を全面的に受け入れることができない
しかし国に責任があることを認めさせた我々の闘いは
全国のアスベスト訴訟の追い風になると私たちは信じている
大阪泉南アスベスト国賠訴訟
最高裁は人の「いのち」を第一とする判断を
原告団 2014年10月9日

第四章
震災とアスベスト

震災とアスベスト

作画／榎（えのき）朗兆（あきよし）

阪神淡路、東日本、熊本…震災国日本。地震による建物の倒壊で未撤去のアスベストが大量に飛散する恐れは残る。

発災時にはまず生き残らなくてはならない。だが、がれきの撤去、運搬、処分作業、被災地の日常生活での石綿曝露のリスクは無視できない。リスクコミュニケーションが求められる。

二〇一三年　夏
兵庫県のとある大学
文学部
理学部
ニュース
岩手・宮城のがれき処理
年内完了へ
東日本大震災で発生した災害廃棄物について、岩手県と宮城県における可燃物の焼却処分が年内で終了する見通しとなった。(毎朝新聞)
[すべて読む]
身元不明者の所持
東北の復興進んでるんやなあ
六条(ろくじょう)!
甲坂(こうさか)センパイ!
お前アスベストの研究してるん?
いえ…何でですか?
あれ?友達に聞いてんけど…

アスベストについて詳しく話せる人探してたら
六条がこのあいだ尼崎でアスベストの集会に参加してたって聞いたからさ
ああ
それは私が中学生のとき
祖父がアスベストによる中皮腫(ちゅうひしゅ)って病気で亡くなったんで…
そうやったんか…
スマン
いえいえっ!
でも大体なら…
甲坂さんアスベストは天然の鉱物っていうのは知ってますか?
昔は「石綿(いしわた)」と呼ばれて軽い・頑丈・火に強いそして何より安かったんで
世界中で身近な建築材料として使われたんです
水道管
波板スレート
アスベスト(石綿)
電気製品
ただし危険性は十分知らされずに…

アスベストは繊維状のかたまりなので削れたり砕けたりすると飛散します
ガッ！
その細さは髪の毛の五千分の一！
その粉じんを吸うと十年後から四十年ほど後にガンなどの病気を発症する可能性があるんです！
肺がん
胸膜中皮腫
石綿肺
びまん性胸膜肥厚
腹膜中皮腫
しかもこれって手術でも取れないんです！
祖父は若い頃アスベスト工場で働いてました
ゲホッ
発病後は肺にたまった二リットルもの水を抜いたり
手術や薬の服用でほんまに辛そうでした
ゲホッ

他にも
工場の近くに住んでたり
アスベストが使われた
建物で働いていた人が
発病するケースもあって
被害者は
まだまだ増える
可能性があるそう
なんです！
…と
私が話せるのは
こんなとこ
ですけど
これが
何か？
うん…
実はな
一九九五年の
阪神淡路大震災で
がれき処理をした
人の中から
ニュース
アスベスト：阪神・淡路大震災
がれき処理で中皮腫か
毎朝新聞
兵庫県明石市は、阪神・淡路大震災後に、市内のがれき処理に携わった男性職員が中皮腫を発症したと発表した。
[続きを読む]
中皮腫患者が
出たんや！
えっ

救助をいそげ！倒壊を防げ！早い復興を！そういう意志で関わった人たちや
震災で職を失ってがれき撤去に携わった人
そして市の職員など
それまでアスベストと〝関わりのなかった〟人たちの中から
アスベストによる病気にかかった人が確認されたんや
当時はまだアスベストの怖さが知られてなくてな
まともな防護策も取ってなかったみたいで
野ざらしのがれきのそばを子供が普段どおりに通学してたらしい

そんなにずさんやったんや…
生まれたばかりで全然知らんかった
まあアスベスト問題は関西を中心に騒がれてるから
他の地方じゃ今でも深刻にとらえられにくいみたいやな
せやけど震災が起きると全国から支援に来る人がいるし
これからも大地震は起きると言われてるから
アスベストの対策はちゃんと取り組まなあかんねん

もちろん東北でも
ハッ!

…そういえば甲坂さんもボランティアで東北へ行ってましたよね!?
うん何度もな
がれきの処理をする時にはアスベストに対応した
専用の防じんマスクが必要なんや
防じんマスク(家庭用)
除去作業で使う業務用とかホームセンターで買える簡易の家庭用とかな
けど俺も以前はアスベストのことろくに知らんかったから
タオルだけ巻いて作業してたんや
ぎゃっ!
確か市販のマスクでは防げないんですよね?
そう!
現場ではちゃんとマスクをしてた人もいたけど
素面の人も大勢いたな…

それで
この夏休みも
宮城県に行く
予定やけど
この機会に
アスベストの
セミナーを
開きたいと
思ってさ…
えっ
アスベストについて
詳しい六条にも
手伝ってもらえ
へんかなって
私ですか!?
今回のニュースで
東北にも
アスベストのリスクを
伝えたいと思ったんや
どうやろ?
ガタッ
はいっ!

SENDA
仙台駅
二〇一三年　八月

めっちゃにぎわってる…
あれっ？
がやがや
あ
甲坂さーん！
初めまして倉木です
倉木さんは宮城で労働災害にあった人を手助けする活動をされてるんや

私は建設業のかたわらNPO活動をおこなっていて
今回も話を聞いてぜひ協力したいと思ったんです！
ありがとうございます！
セミナーに回るのは明日からですね
今日は宿泊先の女川へ案内します
よろしくお願いします！
石巻
女川
仙台

バタン
仙台初めてなんですけどこの辺は無事やったんですね！
え？
ニュース見てもっと大変やと思ってたんですよ
ああ…中心部はわりと無事でしたけどこの高速道路より東側は津波でムチャクチャになりましたね
あっ…
スミマセン
石巻 Ishinomaki
河南 Kanan
出口
11
そうやっ
前に東北行った時の写真データ渡すわ
予習しとき
はいっ！
がれきだいぶ撤去されましたね
2011年9月2日 石巻 がれき
でもついこの間までは山積みでした

震災直後は建築業者の方々がトラックやごみ収集車で町を回って
緊急車両が通れるように障害物を撤去しました
バキ
バキ
作業中
壊れた建材やがれきを含んだゴミたちをパッカー車で壊しながら集めていたので
目の前で出るたくさんのホコリをかぶったそうです

しかも目いっぱいがれきをつめこんだので機械で取り出せなくなって
荷箱の中に入って手でかき出すようにがれきを下ろしたそうで…
業者の人たちは少なからずアスベストの粉じんを吸ったと思います
阪神淡路でも同じような話を聞きました!
東北でもあったんですね

一般市民も家族を捜して毎日がれきの中を歩いていました
震災後はホコリが町中を舞っていて
しばらくはせきが止まらなくなりました
アスベストもいっしょに舞ってたんでしょうね…
現在は内部が壊れた建物を
このようにシートを被せて解体しています
しかし実態は雑なもので
労働者や近隣住民にアスベストのリスクがないとは言いがたいんですよね

あ 仮設住宅や…
仮設住まいの方はまだまだいらっしゃいます
そういえば震災の年の夏仮設住宅などでもアスベストに関する意識調査をおこなったんです
知らないとか意識してないって意見が多かったんですけど…
その中に震災のショックでアンケート用紙に字が書けなかった人がいたんです
その後人とふれあい元気を取り戻す人もいますが
実はいまだに立ち直れていない人もいるんですよね
そうなんですね…

女川町
Onagawa Town
キッ
このあたりの津波は二十三メートル
あの建物の一階まで届いたんです。
女川町
町の三分の二が流されました
この夏にがれきは処分され今は全力で新しい町づくりに励んでいます
居酒屋
ようこそ女川へ

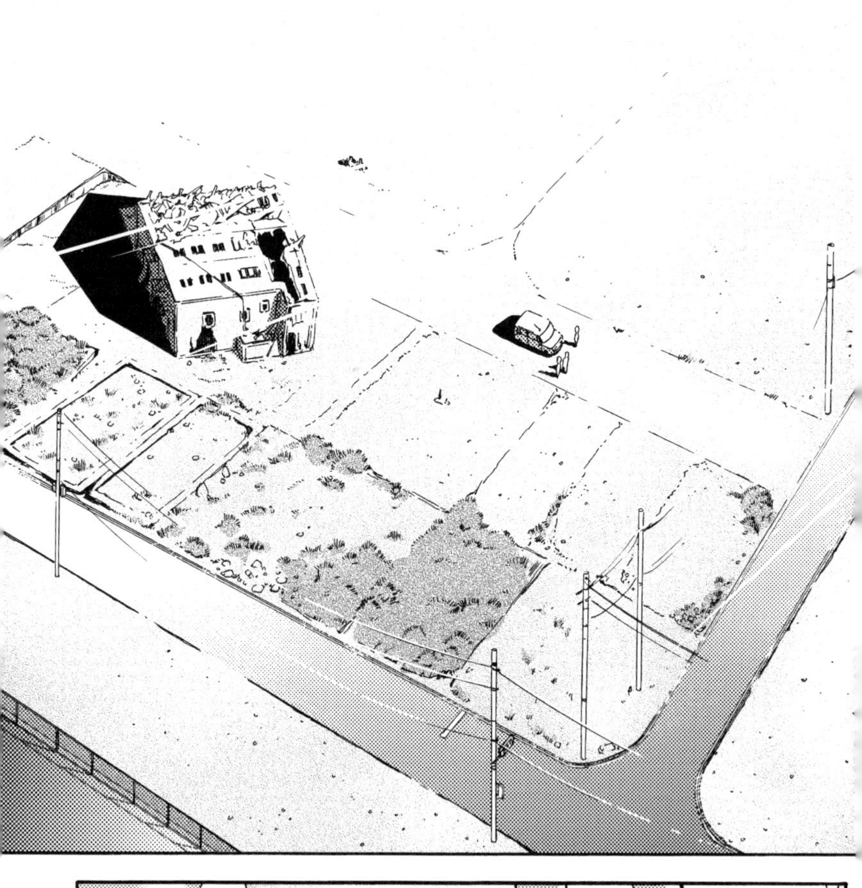

あの
甲坂さん

現地に立って改めて思ったんですけど…
被災した人たちがアスベストのことに耳を貸す余裕ってあるんでしょうか…？
重いやろな

けど
知らないことで十五年や二十年先に震災被害がさらに起きると考えるなら
アスベストの恐さを身近に感じた僕らが伝える意味はあると思うで

私も多くの人に知ってほしいと思いますよ
…そうですよね
理屈は
わかるんです
けど…

公民館
翌日

整理がつかんまま朝になってしまった…
ねむたい…
もう始まるで
すいませーん！
アスベストのセミナーはまだ入れますか!?
倉木さんに誘われたんですけど…
ハア
ハア
NPOの方ですか？

あ…
オレは震災のときがれきの除去作業に参加したんです

アスベストの存在を知ってばく然と…でも強い不安を感じて
そんなとき倉木さんから今回のセミナーのことを教えられました

だから恐くても
アスベストのことを
詳しく知って
仲間や家族にも
伝えたいと
思って来たんです
そうですか！
僕たちもそれに
こたえられるよう
全力で話をさせて
もらいます！
ではご案内
しますね！
パン
パンッ
伝えな
あかんっ！
そうや
知る必要が
ないわけない！
グッ

アスベストから
身を守るための勉強会!
病気の実感がないのも震災が大変なのも当然なんや
はじめまして!
今日だって手応えはないかも
私たちは神戸から来ました!
それでもひとりでも知ろうとする人がいて復興の先にみんなが笑顔になれるためなら――
みなさん!アスベストって知ってますか?

第五章 アスベスト・ポリティクス

アスベスト・ポリティクス

作画／金（キム）孝源（ヒョウオン）

近代産業史に今も暗い影を落とすアスベストをめぐる政治と社会の歴史を点描する。

軍需・重工業での使用を発端として、危険性を指摘する医学者らの警告と被害者・市民運動の始まり、法律による「管理使用」の限界を記憶し、現状を認識するための年代記。

日本の動き

十八世紀末　平賀源内「火浣布」作成

1885年　神戸 小野浜造船所で石綿布生産

1894年　日清戦争

1896年　造船奨励法施行と日本アスベスト株式会社設立（パッキング国産化）

火浣布って？

これが火浣布

石綿をまぜて織った不燃性の布で日本では平賀源内が初めて作ったといわれてるよ

へえ～

日清戦争って、石綿と何か関係あるのかな…

日清戦争では、清国の最新鋭の戦艦「鎮遠」を捕獲し、その構造を調査した
その結果、アスベストを用いた保温材やパッキングが必要であることがわかった
こうして、海軍はアスベストの製品化を求めて日本アスベスト株式会社の設立を要請した
日本政府はさらに、造船奨励法など海軍への助成措置も行った

【参考文献：森裕之「アスベスト災害と公共政策―戦前から高度成長期にかけて―」
『政策科学』16 - 1 2008 年 10月】

世界の動き

1850年代　イタリア・アルプス渓谷で近代的なアスベスト鉱山開発

1898年　英国で石綿粉塵の有害性の最初の警告

イギリスではケープ・アスベスト社が植民地で広く鉱山開発した

十九世紀に入って蒸気機関の発達とともにアスベスト使用量は増加する一方になった

つまり文明の利器だということか…

パチ
パチ

日本の動き

1906年　野沢幸三郎が石綿スレート輸入販売

1907年　栄屋誠貴が泉南で紡織業を開始

大阪・泉南地域は一九〇〇年代初頭から石綿紡織業が発展した
その中でアスベスト(石綿)肺や肺がんなどの石綿被害も広範かつ深刻に進行し、
石綿工場がすべてなくなった現在も多くの元従業員や近隣住民が苦しんでいる

1913年　野沢石綿セメント株式会社創業

1923年　関東大震災

アスベストを建材に用いた、多くの家が倒壊、翌年には耐震基準が設置されることになったのよ

死者・行方不明者：14万2,800人
負傷者：10万3,733人
避難人数：190万人以上
住家全壊：12万8,266戸
住家半壊：12万6,233戸
住家焼失：44万7,128戸（全半壊後の焼失を含む）

世界の動き

1906年　フランスで石綿紡織労働者の死亡報告
イギリスのMurray医師がアスベスト（石綿）肺の初めての報告

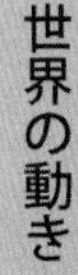

1911年　ラットを用いたアスベストの粉塵実験
（この実験は、後にアスベスト粉塵の吸入が人体に有害であると考える合理的根拠となる）

参考文献
デイビッド・ギー、モリス・グリーンバーグ「アスベスト…魔法の鉱物から悪魔の鉱物へ」欧州環境庁編、『レイト・レッスンズ14の事例から学ぶ予防原則』松崎早苗監訳、七つ森書館、二〇〇五年、所収、97頁

1918年　米国の保険会社が石綿産業の労働者に対して保険拒否

1924年
朝日スレート設立（横浜などに工場）

1927年
ブレーキライニングの国産化

1931年
日本エタニットパイプ社設立（鳥栖、大宮、高松）

1934年
石綿（アスベスト）製造業者向けに日本語で初めて書かれた、杉山旭の書籍『石綿』が出版される

1924年
イギリスのCooke氏が石綿（アスベスト）肺と命名

1925年頃
ジョンズ・マンビル社が世界的企業になる

1930年
英国「ミアウェザー報告」石綿工場の長期労働者の三分の二が石綿肺と報告

1935年〜
石綿製造工場労働者に肺がん症例の報告（欧米）

日本の動き

1937～1941年　旧内務省保険院社会保険局に属する助川医師らによる泉南地域等の石綿工場の労働者に対する疫学調査（二九工場一〇二四人を対象）

「X線撮影者12％が石綿肺、勤続二十年以上は100％」だったの知ってる？
このマンガの主人公は俺なの知ってる？

1938年　満州石綿会社設立

1941～1945年　太平洋戦争（国産石綿の増産と統制経済体制）

Yさんの話

朝日石綿横浜工場が空襲で消失後、家族が転勤

北海道日高の鉱山の近くで石綿で遊んだ…

世界の動き

1938年　ドイツ 石綿肺がんを職業病認定

1940年　ドイツ 石綿加工企業の粉塵対策ガイドライン

1943年　石綿肺がん・中皮腫の労災補償

ドイツではビスマルク以来労働政策の中で問題に対処してきた

KILLED

1946年　日本石綿協会設立

1949年　アスベスト輸入再開

1950年　六月二十五日　朝鮮戦争勃発

朝鮮戦争特需…石綿の使用量がさらに増えたんだよね
スレート需要が増加したからだね

1947年　ミアウェザー報告　石綿肺と肺がんの関連

旧労働省石綿課長がじん肺研究のためアメリカへ訪問したのはこの後だよな

すでに国も情報を掴んでいたのかしら…

1953年　ILO 労働者健康保護勧告

この ILO の保護勧告では具体的に何が言われてるの？

これは、「就業の場所における労働者の健康の保護に関する勧告」で①危険防止のための技術的措置②健康診断 ③職業病の通告などについて詳しく述べられているよ

日本の動き

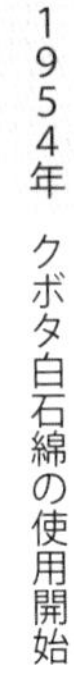

1954年　クボタ白石綿の使用開始

既に昭和五十年十一月に青石綿を使用した石綿管の製造を中止し、平成十三年十一月には白石綿を使用した住宅建材の製造も中止しました

1957年　クボタ神崎工場（石綿管工場）で青石綿の使用開始

一九五七年には瀬良医師らが泉南地域の石綿工場の労働者に対する疫学調査を行った
ついに一九六〇年にはじん肺法が公布されたのさ
じん肺って何…
じん肺は粉塵や微粒子を長期間吸引した結果肺の細胞にそれらが蓄積することによって起きる肺疾患の総称だよ！

世界の動き

1955年　英国ドールによる石綿工場の長期労働者の肺がんリスクの高さの報告

二十年以上働いた労働者の肺がんリスクは一般の約十倍とされた

1960年　ワグナー報告（環境曝露による中皮腫の死亡例の学会報告）

ワグナー博士の報告はアスベストと中皮腫の非常に強い関係を示す証拠となったのさ

1964年

建築基準法の改正
改正後も、アスベストの使用を見直す国際的な流れにそぐわない内容に

現在、われわれは過去の間違った政策の代償を支払っている

セリコフ博士（1915 ～ 1992）
マウント・サイナイ医科大学

1965年

旧日本産業衛生協会が石綿の許容濃度の新設と勧告
（労働省委託研究）

会議では日本のアスベスト使用量から、今後アメリカと同様に、中皮腫などの疾病が増加することが予測された

アスベストは使用しないことが一番よい

…スペシャル『アスベスト 見過ごされた警告』（二〇〇六年四月十四日放送）より

クボタが一九七〇年代に社員を派遣した当時技術提携していたジョンズ・マンビル社に宛てた手紙を見ると

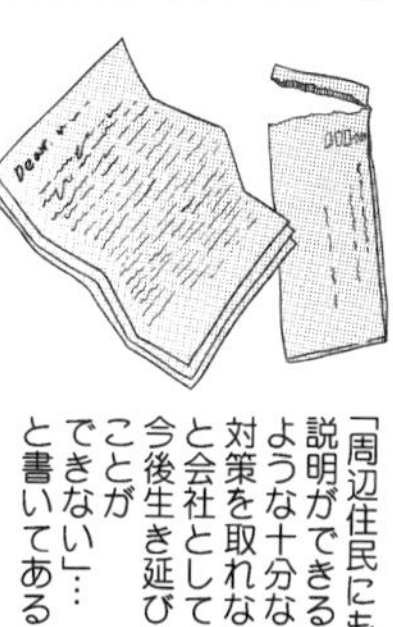

「周辺住民にも説明ができるような十分な対策を取れないと会社としては今後生き延びることができない」…と書いてある

1964年

国際会議でのセリコフ博士らによる疫学調査の結果報告によると中皮腫など深刻な健康被害の危険性が明らかに

セリコフ博士との会談に同席していた人々の中にはクボタ関係者もいたという

だったら、その危険性はわかってたはずなのに…

日本の動き

1971年　環境庁設立

1972年　労働安全衛生法

石綿のついた仕事着も危険なのかしら…ほこりだから
いい質問だ！このころ国は作業着を家に持って帰らないように通達したのさ

1973年　石綿輸入のピーク（年間三〇〇万トン）

1975年　クボタ神崎工場での青石綿の使用中止（吹きつけ石綿原則禁止）

アスベスト被害は、水俣病やイタイイタイ病と異なり被害者がまだ目に見える形では出ていなかった文献では分かっていたが…
旧環境庁の阿部氏
深刻な被害を予測できなかったことは残念である

世界の動き

1970年　ニューヨーク市で吹きつけアスベスト禁止条例

この時期から欧米では使用量が激減する

1972年　WHO・ILO・IARC（国際ガン研究機構）石綿の発ガン性警告

え…日本は？
日本では使用量が一九六〇年代から急激に増えて七〇～八〇年代には年間二五～三五万tも輸入していた…

1977年　労働安全衛生法改正一〇八条

1980年代　泉南の石綿紡績品シェア全国80%

労働安全衛生法改正一〇八条ってどんな内容かしら…
「厚生労働大臣が疫学調査を行わせることができる」という内容だよ

それにより疫学調査が可能になったのさ
そっかその結果は?

大阪泉佐野保健所尾崎支所住民の石綿曝露調査によると二七〇〇人の中一五九人がプラークだった
ひどい…

1974年　パリ第七大学のアスベスト使用問題化
フランス、クレルモン・フェラン石綿紡績のアミソル社の女性労働者たちの闘い

1980年代　アメリカでアスベスト関連の訴訟爆発
アスベスト生産量のピーク

1981年　ILO石綿使用における安全に関する専門家会議

やっぱり一般の人達にも危険性がちゃんと見えてきたということだね
そうだね

日本の動き

1985年
危険性とアメリカの状況を伝える『静かな時限爆弾―アスベスト災害』（広瀬弘忠著）刊行

1986年
クボタ社内での中皮腫第一例死亡
米空母ミッドウェーによるアスベスト廃棄物多量廃棄事件

1987年
「学校パニック」
BANJAN（石綿対策全国連絡会議）の設立

セリコフ博士のもとに留学し学んでいた北川氏（富山医科大学名誉教授）
林氏（鉱物学者）

北川氏と林氏は昭和五十四（一九七九）年に環境庁の調査依頼を受けて評価を行い使用によって生じる危険性を警告した

報告書

報告書では工場労働者、家族、近隣曝露が同心円状に広がっていく様子が描かれている

二人は一九八四年にも二度目の警告を行ったが、国はそれを受け止めず一九八七年まで調査は実施されなかった

その理由とされたのは

「当時は対策に必要なデータがまだ不足していた」というものであった

世界の動き

1982年〜
英国アスベスト規制強化運動
代替物質の促進
ドキュメンタリー番組 "Alice A Fight for Life"（ヨークシャーTV）放映
ジョンズ・マンビル社自主倒産

1983年
アイスランド
アスベスト使用の全面禁止

1984年
ノルウェー
アスベスト使用の全面禁止

1986年
ILO「石綿使用における安全に関する条約」
安全な管理使用か禁止かが争点になった

二度目の警告にも国は耳を貸さなかった

我が国では、一九七〇年代に欧米諸国がアスベスト使用量を急激に減らしたのとは逆に、一九八〇年代に特に一戸建ての持ち家を増やすという国の政策もあり、建材部門（白石綿を使用した）使用量が増え、これにバブル経済が拍車をかけた

1988年
大阪岸和田労基署内部報告

泉南地域の石綿工場で石綿関連疾患によって死亡した労働者の死亡平均年齢は全国の平均寿命より男性は十四歳 女性は十九歳も短い

そんな…

1989年
特定粉塵に石綿指定、敷地境界における大気1ℓあたり、10本の濃度基準（大気汚染防止法）

1995年
（阪神淡路大震災）
青石綿、茶石綿含有製品の製造・輸入・供給・使用禁止

阪神淡路大震災がアスベストと何の関係があるの？

…

阪神淡路大震災とそのがれき撤去により、多量のアスベストが環境中に放出された
そして、阪神間の多くの市民がそれと知らずに、そのアスベストを吸入していたであろうとおもわれる
震災後しばらくは、被災地一帯は異常な量の粉塵に悩まされたその期間は、数日なんてものではなく数週間におよぶものであった
物資不足のため、マスクなどの粉塵防護グッズなども十分ではなかった
その「避けられなかった粉塵」の中に間違いなく、アスベストが含まれていたのだ

1990年代
欧州各国でアスベスト使用、原則全面禁止に

1995年
オルネ・スボア（仏）の軍需関連工場周辺の環境曝露被害者による運動の始まり

日本の動き

1997年　建築物解体・改修の際の吹きつけ石綿除去作業が「特定粉塵排出作業」に指定
届け出義務と飛散防止対策の義務づけ

1999年　東京都文京区さしがや保育園の園舎改修時のアスベスト曝露事件

保育園だったら被害者に赤ちゃんもいるということ？

そうだね！当時のお母さんの話を聞いてみよう

一九九九年七月に0歳児から六歳児の園児、一〇八名が通う区立保育園で園舎の工事をした際、工事の過程で乳幼児たちが、アスベストを吸う事故が起こった

Nさんからアスベストのことを聞いてすごく危険なものだということがわかりました
しかし、その度合いが一般の保護者には伝わりづらかったのです

もしかしたら登園できなくなるかもしれない

温度差の違いは最初からストレスになっていました

保護者の心配の度合いや内容がまちまちなので園長先生の対応も曖昧になってくるわけです

先生この子は死なないですよね
それは…わかりません

区長に「がたがた騒ぐのは子どもの教育に悪い」「死ぬとしても三十年後だ」と目の前で言われたんですよ
うちの子は一歳ですから、そのとき三十一歳ですよ
そういう想像力が政治家の人にはないんです
被害者のインタビューから

日本の動き

2002年
朝日新聞記事
「石綿被害急増の恐れ」
石綿対策全国連絡会議の
「アスベスト被害ホット
ライン」開設

産業衛生学会での
村山武彦の報告
…四〇年間で死亡
推計一〇万人…！

2004年
「中皮腫・アスベスト疾患・
患者と家族の会」設立
世界アスベスト会議
（東京）白石綿を1％以上
含有する製品の製造使用の
禁止

2005年
「クボタ・ショック」
石綿除去作業の
事前届出制

二〇〇五年
クボタ・ショックが
起こった

そして
経営者達は—

音馬氏
（一九九〇年代初頭に
業界団体であった
石綿協会の元幹部）
使用に関して
それは
国策であった
今思えば
使用しない方が
よかった

手紙で答えた
クボタ幹部
セリコフ博士が
あたかも十分に
注意すれば
「管理使用」で安全
であると
述べたように語り、
使用を中止するように
言われた記憶も
ないとしている

※NHKスペシャル『アスベスト 見過ごされた警告』
（二〇〇六年四月十四日放送）より

世界の動き

1998年
EUでのすべてのアスベスト禁止

このころから中国、
インドなどの輸入と
生産量が急伸する

2000年
世界アスベスト会議
（ブラジル、オザスコ、日本からも参加）

世界アスベスト会議
オープニング・セッション
（2000年9月18日
オザスコ市民シアター）

2001年
WTOがカナダの提訴に対して
EU、フランスの支持
チリ・オーストリアなど全面禁止

9.11 ニューヨーク
WTCビルのテロによる崩壊

マスクなしで
救出活動する
消防隊員の姿が
話題になった

特別エピソード

アスベスト研究者
井上 浩 氏
職業 行田労基署 署長
（1978年4月に退官）

一九七六年監督に訪れた、曙ブレーキでは、換気が不十分なアスベストを使用していた粉塵は基準値を超えていた
工場の周辺も安全ではない…調べてみよう

肺がん四十三人、中皮腫と思われる「胸膜がん」など三十四人その内、十一人は工場や下請け工場から半径八〇〇m以内の住民であった

患者宅への保健師の派遣を依頼します
このことを井上氏は翌七七年七月に労働省埼玉労働基準局に「労働者家族四人、周辺住民十一人死亡」と報告したが住民健診は行われなかった

この後も井上氏は図書館で羽生市内の男性の肺がん死率を追い続けた九九年は十万人あたり79.4人二〇〇四年は73.7人で埼玉県の平均の最大値57.6人を上回っていた

クボタ・ショックの後、二〇〇六年、井上氏の報告書の存在が報道されると、曙ブレーキは希望する住民に健康診断を実施したその年四月までに八十三人中十四人が「所見あり」の診断を受けたこの時点では市も県もこのことを把握していなかった

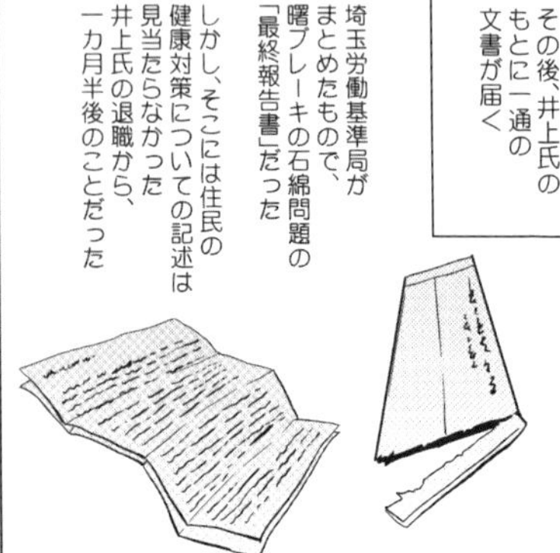

その後、井上氏のもとに一通の文書が届く
埼玉労働基準局がまとめたもので、曙ブレーキの石綿問題の「最終報告書」だった
しかし、そこには住民の健康対策についての記述は見当たらなかった井上氏の退職から、一カ月半後のことだった

退職を待ちかまえたように最終報告とは幕引きを急ぐようなまねをなぜしたのか
…住民被害にもっと取り組んでいればその後の被害は減らせたはず…

【参考URL：http://www.asahi.com/special/asbestos/TKY200507160345.html
http://www.saitama-np.co.jp/main/rensai/kurasi/tuiseki2005/01.html】

※二〇〇六年三月に
石綿新法（アスベスト新法）
施行

2006年

国家賠償請求訴訟提訴（泉南）
「石綿被害者救済法」施行
（その後改正）
環境省による
国内六カ所（尼崎、泉南など
大阪南部、奈良、岐阜羽島、
横浜鶴見区、鳥栖）の
アスベストによる
健康リスク調査開始

予測死亡人数…
二〇三五年までに
中皮腫死亡数
だけで一〇万人…

2007年

この年、泉南の最後の
石綿工場閉鎖
『石の肺』出版
（佐伯一麦）

※正式名称「石綿による健康被害の救済に関する法律」
これにより環境曝露による被害者救済への道が開かれた。
その後、三度改正が行われている。
特別遺族年金が支給される

ある交渉風景
二〇〇七年九月二〇日
政治家、官僚、NPO…そして被害者

当時の厚生労働大臣は舛添要一であり
全国労働安全衛生センター議長からの
大臣宛の要望書に答える形で議事が
進行した

この交渉は、ほぼ毎年度
開催されているようだ

特に、その場で若い官僚たちに
対して厳しく追及されたのが
石綿曝露作業に係る
労災認定事業一覧表の
二〇〇五～六年度分の
データ公開に関してであった

これは
クボタ・ショック後の
二〇〇五年に
公開されたんだけど
その後二〇〇七年まで
非公開だったのさ

…
なんとか
言え!!!
なぜ公開
しな
かったのか!!
…

非公開はある意味で隠蔽であり
労働者や住民の生命を軽んじ
労災補償や一般住民の
救済を阻むものである

日本の動き

2008年
阪神淡路大震災がれき解体作業従事者の中皮腫による労災認定

アスベストと不動産価値問題

アスベストがあった場合、資産除去債務として計上されることになった

グローバル化の流れだと言えるわね

二〇一〇年 患者団体と企業との交渉事例
朝日石綿（社名変更）エー・アンド・エーマテリアル社

鶴見では環境曝露患者への「補償」（救済）対象の地理的範囲の問題がある 鶴見のエー・アンド・エーマテリアル社の場合、実際には至近距離（一〇〇ｍ）の被害者しか「補償」対象とはしていない

これはクボタの場合補償の範囲が1.5㎞であることと比較して狭すぎる

旧朝日石綿中皮腫死亡者家族インタビュー

エー・アンド・エーマテリアルの対応は早かった 会社にも謝罪の意思はあるようだったが、即示談に持ち込み、早い内に低い金額で手を打たせようと考えていたのかもしれない

基準は守っていた

朝日石綿（社名変更）エー・アンド・エーマテリアル社

従業員のなかには石綿病変があることを上司に指摘したため、かえって解雇されてしまったものもある
二〇〇七年八月毎日新聞

会社として安全対策をしていなかったってことじゃないの

現状の健康リスク調査のように、関係者の任意に頼るのではなく、公共の疫学調査が行われていない点が問題である 健康リスク調査への参加が少ない点、会社による健康診断のデータが公開されない点などの限界がある これもアスベスト・ポリティクスの問題である また、鶴見区の人口移動の激しさも実態把握を困難にしている

世界の動き

2002以降
二〇〇四、二〇〇六年 クリソタイル「擁護」の問題

※ロッテルダム条約に関して有害化学物質としてのリスト追加に対するカナダ・ロシアなどの三度に及ぶ反対があった

2006年
アジア・アスベスト会議（バンコク）

2007年11月23日－24日
アスベスト国際会議 IN 横浜

2009年
イタリア、トリノでエタニット社の経営者に対する刑事裁判の開始

※一九九八年に採択された、有害化学物質の貿易における事前同意手続きについて定めた条約。日本は一九九九年に署名

二〇〇八年十二月一日 改正石綿救済法の施行

これによって、
医療費等の支給対象期間の拡大、
救済給付調整金の支給、
未申請死亡者の遺族に対する
特別遺族弔慰金等の支給や
特別遺族給付金の支給対象の
拡大が施行されたんだって

二〇一〇年七月一日 改正石綿救済法の施行

この改正では、救済給付の
対象となる「指定疾病」に
新たに「著しい呼吸機能
障害を伴う石綿肺」及び
「著しい呼吸機能障害を
伴うびまん性胸膜肥厚」
が追加された

二〇一一年八月三十日 改正石綿救済法の施行

※この改正では、
○特別遺族給付金の請求期限の延長
○特別遺族給付金の支給対象の拡大
がなされた

※時効となった者で救済される被害者の死亡時期が平成十六年三月二十七日前までに
死亡した被害者に拡大され、労災以外の石綿被害や労災時効で救済請求できる期限も
平成三十四年までに延長された

二〇一一年に法改正があり、
補償請求権を失った
アスベスト関連患者の
遺族らの救済措置を復活、
延長した
救済措置が一〇年間延長している

中には、
労働災害を受けた者の妻が
特別遺族年金を請求しない
ままに亡くなった場合、
子に特別遺族一時金が
支給されないような場合も
あるんだって

第2部
「現状を点描する——
問題解決のために」
も読んでね！

5年以内：労働基準監督署で労災保険に基づく
遺族補償給付の請求手続き

5年以後：労働基準監督署でアスベスト新法に基づく
特別遺族給付金の請求手続き

第六章

エタニット
——史上最大のアスベスト訴訟

エタニット
——史上最大のアスベスト訴訟

作画／榎　朗兆（えのき　あきよし）
作画協力／小畑亜祐美（おばた　あゆみ）

イタリア北部の小都市、カザーレ・モンフェッラート。そこには世界最大規模のコミュニティ被害がある。二〇一一年にトリノで始まった、エタニット社の経営者に対する刑事裁判を活写する。

正義を求める原告の声に耳を澄ませたい。

※本作品は、マンガ『Eternit, dissolvenza in bianco』、映画『DUST-the great asbestos trial』、『エタニット　史上最大のアスベスト訴訟　日本語版』に基づいて執筆されました。

GIUSTIZIA（ジュスティツィア）とは
イタリア語で『正義』を意味する言葉である
二〇一一年
トリノ
地方裁判所には
正義の証明を
見守るために
大勢の市民が
集っていた
PALAZZO DI GIUSTIZIA
ETERNIT GIUSTIZIA!
我々がこの裁判に
至るまでに
十年の調査期間と
二十万ページの報告書を
要しました
原告はカザーレ・
モンフェッラート市の
住民約五千人
被告は
市に工場を構えていた
多国籍企業グループ
エタニット社の
二人の経営者たちです
この裁判は
被害の規模、
費やした時間、
被害者たちの期待
あらゆる
面において
大きい
史上最大の
アスベスト訴訟と
呼べるでしょう
検事正
ラファエレ・グアニエッロ

社名の由来となった
エタニットとは
石綿セメントを用いた
建材の名称です
エタニット社は
複数の国の
数十の製造会社からなる
多国籍産業グループで
ブラジル、オランダ、
フランス、ベルギー、
デンマークなどに
工場を持ち
極東の日本まで
市場を広げ
契約・販売を
行っていました
経営責任者で最大株主の
スイス随一の財閥
シュミットハイニー一族は
石綿セメントカルテルを形成し
資本主義と自由貿易の名の下に
巨万の富を得ていました
この訴訟で我々が起訴した
ステファン・シュミットハイニー被告は
アスベスト部門の最高責任者
ベルギー人男爵の
ルイ・ドゥ・カルティエ・
ドゥ・マルシエン被告は
一九六六年から一九七〇年にかけて
カザーレ・モンフェッラート市の
工場の最高責任者を務めていました
エタニット社 代理人
顧問・弁護団

※バランジェロ鉱山は加藤正文氏にご提供いただいた
写真をもとに描きました

カザーレ・モンフェラート市の人口は約三万六千人です
エタニット工場では約何人の市民が働いていましたか？
ピーク時の一九六〇年代には千七百人を超えていました
工場の責任者であるカルティエ・ドゥ・マルシエン氏の二十四時間操業がおこなわれ
教育を受けていない労働階級の人々が働いていました
工場の労働者たちはある種の特権意識を感じていました
アンジェロ！
肺に粉塵が見つかっちまった！
ゲホッ…
なんだよタバコの吸いすぎじゃなかったのか…
残念ながら立派な肺がんさ
ゴホッ
ゴホッ
だがこれで追加賃金と早期退職の権利を得ることができる
未来を築く仕事の一部になれたんだ
これは誇りだ！
…トマス本当にお前は労働者の鑑だよ

当時の彼らは病気になることを勇敢な行為と考えていたのです
それはなぜ?
LA LEGGE
E UGUALE
PER TUTTI

アスベストの曝露が肺疾患に関連することを労働者の多くが知りませんでした
そして当時の多くの国民は階級社会の中で自分たちの役割を果たすのが当然と思っていたためです

またエタニット社は小さな地方都市(カザーレ・モンフェッラート)に雇用と金をもたらしていました
ただいま~

パパおかえり~!
エルサ!服が汚れるから抱きつかないの!

なあにいつも遊びまわって泥んこなんだ
洗濯すれば汚れは落ちるんだから
その洗濯をするのは私なんだけど?

まあまあ今日は「褒美」を多めにもらってきたから
また「ポルヴェリーノ」?
ああ

ゲホ ゲホ…
明日はこれで裏庭をきれいにするよ
エルサが遊ぶ分もあるからな！
やった――！！
バフッ
エルサ！！
ポルヴェリーノ…人体に最も危険なアスベストの産業廃棄物(ダスト)は
エタニット工場から無料で持ち帰られ街中で用いられていました
よしできた！きれいに塞がった！
まったく…
パパーわたしもできた！
おー！なんだそれは？？
パパがよく働いてくれるおかげで毎日洗濯が大変だわ
ゴホゴホッ
多くの人々はアスベストから健康を守るという考えに至らず
むしろ世論はエタニット社側を支持していたのです

我々労働組合と一部の医師や環境団体はアスベストの危険性を追及しましたがエタニット社はそれを否定
一九七三年に粉じんの吸引装置が取り付けられるなど労働環境の改善が見られたものの
石綿製品の生産を止めませんでした
一九七〇年代末の調査ではアスベスト関連疾患で千七百人が死亡していたことを確認
二〇三〇年までに毎年約五十人が死亡すると推測されました
これはイタリアの全国平均の二十一倍にのぼります
ざわ…
ざわ
エタニット社は一九七八年にアスベスト含有建材の生産中止を公表しましたが因果関係は変わらず否定
しかし一九七九年にINCA(現CGIL)がアスベスト関連病をつきとめ
ついに一九八一年カザーレ・モンフェッラート市民がエタニット社に対する民事訴訟を起こしました
IDIRITTO DEI LAVORATORI
INCA
INCA

訴訟によって全ての作業場でアスベストのリスクが認められましたが
エタニット社は一九八六年に倒産を申請
救済を求める市民から大量の失業者を出し約束の産業再開発も反故にしたのです
工場は放置され私有地なども含めたアスベスト除去作業は現在公的資金によっておこなわれています
そして現在も死者と患者は増え続けているのです
Eternit

※アメリカ最大手のアスベストメーカー「ジョンズ・マンビル社」も1982年に自主倒産している

続いての証人です
私は一九八八年に立ち上げられた被害者・家族の会の代表となり
二十年以上その闘いの最前線に立っています
カザーレ・モンフェッラート・
アスベスト被害者・家族の会（AFeVA）代表
ロマーナ・ブラソッティ・パベシ

夫のマリオはカザーレのエタニット工場で働いていて
一九八二年に中皮腫と診断されわずか数ヵ月後に亡くなりました

私がアスベスト関連疾患を意識したのはその時が初めてです

AFeVAの代表となって間もなく妹、いとこ、甥も中皮腫で亡くしました
そして二〇〇四年娘のローザが我が家を訪ねてきました

傍に酸素ボンベを携えて…
ゴホッ
ゲホゲホ
…ねえママ？
ハッ
私はいつまで
生きられると思う？
その問いに私は胸が張り裂ける思いでした…
…あなたのパパもおばさんも病気が見つかってから一年は一緒に暮らしていたわ
その頃よりも医学は進歩しているし
それに…

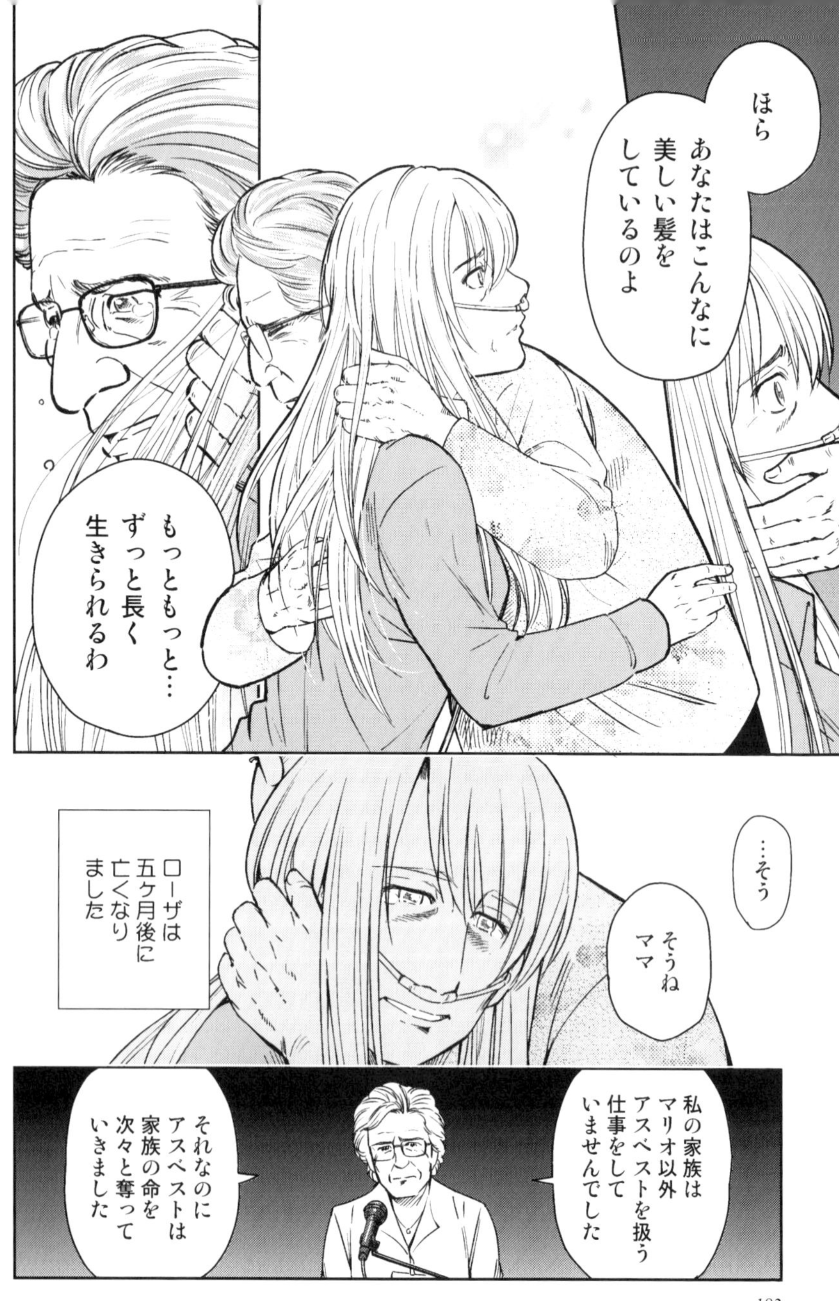
ほら
あなたはこんなに
美しい髪を
しているのよ
もっともっと…
ずっと長く
生きられるわ
…そう
そうね
ママ
ローザは
五ケ月後に
亡くなり
ました
私の家族は
マリオ以外
アスベストを扱う
仕事をして
いませんでした
それなのに
アスベストは
家族の命を
次々と奪って
いきました

原告たちはみな同じように悲痛な思いを抱えいまここに集っています
復讐は私の好むところではありません
しかし私は原告の代表として
この悲惨な状況を引き起こした人々がしかるべき責任を果たすことを願っています
被告側は何か意見がありますか?
スッ

我々弁護団としてはシュミットハイニー氏が被害者に補償をする責任はないと考えます
それは氏が株式獲得した各国の会社が補償の責任を負うためです
エタニット社弁護士
アストルフォ・ディ・アマト
なにより今のシュミットハイニー氏はエタニットの責任者であった二十五年前とは「別人」です

現在の彼は
博愛主義者であり
グリーン資本主義の
推進者です

過去の出来事よりも
未来の慈善事業のために
シュミットハイニー氏を
訴追することなど
あってはなりません

原告側
サッ

その通り
シュミットハイニー被告は
エタニット社の倒産後
大きな転身を図っています
彼は一九八〇年代より
「エコエフィシェンシー」
のスローガンに基づき
環境活動家として
名乗りを上げました
FINANCING CHANGE

エコエフィシェンシーとは
製品やサービスの機能向上と
資源利用の効率化を
同時におこない
ライフサイクルの
負荷を軽減することで
環境負荷を軽減する
考え方です
エコエフィシェンシーは
政府の規制の及ばない
市民社会によって
力を発揮するものです
この概念に基づいた
合理的な資本主義的発展は
環境問題と経済問題の
両方を解決しうる
長期的な策なのです！

彼はスイスにある
資産を売り払った後
アメリカで
新たな地位を築き
一九九六年には
米イエール大学で
人文科学博士の
名誉称号を得るまでに
なりました
「あなたは一実業家で
あることに満足せず
地球環境を軸にした
新たなテクノロジーと
経営方法を
導入されました」
「あなたは新たな
グローバル経済の
展望を生み出すことに
寄与されたのです」

シュミットハイニー
被告の功績は
立派なものかも
しれません
しかし
市民社会が
力を発揮すると
彼が考えるなら
そこには
根本的な責任が
抜け落ちています
彼の
ビジネスによって
被害を受けた
人々に対しての
道義的・財政的
責任です

その責任を果たせぬうちは
シュミットハイニー被告は
上辺のみの環境活動家
グリーン・ウォッシュ
でしかないのです!
家族をアスベスト関連病で
亡くされたご遺族や
自らが病に苦しむ人々が
カザーレ・モンフェッラート市
だけでも五千人
世界中では
数十万人にも及び
五十三カ国で
使用禁止されて
いるにもかかわらず
今も年間十万人の
命を奪っています

第２部

現状を点描する
——問題解決のために

もくじ

I．アスベストによる健康被害の状況──世界と日本

1. 世界の過去のアスベスト使用と将来の健康被害

アスベストは、いずれも潜伏期間の長い、中皮腫、肺がん、石綿肺、卵巣がん、喉頭がんなどのアスベスト関連疾患を引き起こす[1]ことが、国際がん研究機関（IARC）等によって確認されている（☞項目Ⅱ）。特に予後が悪く、治療法の確立していない中皮腫は、そのほとんどすべてがアスベスト曝露によるものであることから、アスベスト健康被害の「指標」とみなされる。

過去のアスベスト使用と将来の健康被害（中皮腫死亡）との関係は、日本と英国の比較で把握できる。アスベスト使用の歴史の古い英国の使用は1964年に年間17万トン強でピークに達し、過去の累積使用量は700万トン弱、他方、日本は、1974年に35万トンでピークに達し、過去の累積使用量は1,000万トン弱である。英国における中皮腫死亡者数は、1975年に272人、1982年に500人を超え、2015年には2,542人である。今後、減少に転じるという予測もあるが、未確認である。英国の被害のピークが2015年と仮定すれば、アスベスト使用のピークの1964年とのあいだに51年のずれがあり、日本の場合、アスベスト使用のピークが1974年であるから、51年後の2025年まで中皮腫死亡者数が増加し続けると予想されるが、これも楽観的な見方かもしれない。

日本の中皮腫死亡数は、人口動態統計でデータが得られるようになった1995年の500人から、2016年には1,550人へと増加してきた。日本の人口は、英国の約2倍なので、死亡者が最大で1年に5,000人に達すると予測できる。世界的にアスベスト被害が減少に転じたと断言できる国はまだないが、使用後すぐには被害が出ず、使用中止の効果確認に数十年もかかるアスベスト関連疾患は、その診断が容易でないなどの事情が対策を困難にする面もあるが、関連疾患はアスベスト使用の中

止・禁止によって予防可能である。

アスベストを大量に使用した国でアスベスト関連疾患の「流行」が続く一方、被害がまだ見えない国も多い。しかし、後者に属する国のアスベスト企業の主張も、以前は「わが国にはアスベスト被害はない」だったが、（矛盾した表現ではあるが）「中皮腫はたしかに出ている、しかしアスベスト曝露によるものはない」などに変化してきている（☞項目Ⅶ）。

世界のアスベスト被害の把握と将来予測の努力のひとつとして、世界保健機関（WHO）が予防可能な疾病の対策を促進するために推進している世界疾病負荷（GBD）調査がある。これは、GBD比較データベースとして公開、随時更新されている[2]。このデータベースでは、アスベスト関連疾患としての、中皮腫、肺がん、卵巣がん、喉頭がん、石綿肺の疾病負荷が推計され、国別のデータも入手できる。最新の推計ではアスベストによる死亡者が毎年世界で約20万人を超え、最悪の「インダストリアル・キラー」である。WHOや国際労働機関（ILO）は、アスベスト関連疾患の根絶が世界共通の課題であると訴えている（☞項目Ⅶ）。

人口10万人あたり年齢標準化死亡比の比較では、グリーンランド、英国、オランダ、ベルギー、デンマーク、イタリア、オーストラリア、アンドラ、フランス、カナダが上位になり、米国17位、日本36位、ロシア61位、中国89位であるが、日本やロシア、中国等は、これから上位になると予想される。日本を含む工業国も、中皮腫以外のアスベスト関連疾患を的確に把握できてはおらず、補償のレベルもきわめて低いのが実情である[3]。

2. 日本のアスベスト被害

厚生労働省などによると、アスベスト曝露が原因で中皮腫や肺がんを発症し、死亡したと国が認定した人の数は、2017年3月末時点で24,076人。うち労災保険の対象として12,883人、石綿健康被害救済

法（2006 年施行）の対象として 11,193 人が認定されている[4]。厚生労働省の統計によれば、2015 年には 1,504 人（男 1,237、女 267)、2016 年 1,550 人（男 1,299、女 251）が中皮腫により死亡している。肺がんについては、諸説があるが、一般に少なくとも中皮腫の 2 倍以上の数の死亡者があると見積もられている。ただし、こうした制度が始まる以前にも、第二次世界大戦前に遡る、大阪府泉南地域の石綿紡績（☞第 1 部三章、六章）に代表されるような被害や死亡時の診断名が異なるために、数字に表れない相当数の死亡者があったと考えられる。

3. 尼崎のアスベスト被害

「中皮腫・アスベスト疾患患者と家族の会」のまとめによれば、クボタ「弔慰金」等の書類提出者数は、2018 年 6 月 15 日現在、前年より 14 名増加し、339 名（死者 320 名、治療中 19 名―男 179 名、女 160 名、うち支払い決定 317 名)、クボタ旧神崎工場での労災認定 185 名（2017 年末）および構内下請の労災法定外補償決定者 14 名である（『緩慢なる惨劇に立ち向かう 7』2018 年 6 月 23 日）。これ以外に、同工場に石綿を運んだ運送会社の労働者、関連企業、近隣の工場労働者の被害も入れると「実際の被害はすでに 550 名に達していることはまちがいない。」（☞第 1 部一、二章）。

以下は、320 名の年齢別の死亡者を表す。

死亡者年齢	人数
～ 39	6
40 ～ 49	25
50 ～ 59	70
60 ～ 69	106
70 ～	113

1 アスベスト繊維は、人の髪の毛の直径(40～100㎛)よりも細く、直径0.02～0.08㎛のクリソタイル(白石綿)、0.06～0.35㎛のアモサイト(茶石綿)、0.04～0.15㎛のクロシドライト(青石綿)などがある。中皮腫、肺がんのリスクは直径の小さい順に大きくなる。
2 https://vizhub.healthdata.org/gbd-compare/
3 より詳細な内容は『「ニッポン国VS泉南石綿村」製作ノート』資料編を参照。
4 数字の重複は双方が認められた場合があることを意味する。

（古谷杉郎協力、松田毅担当）

Ⅱ．医療関係――胸膜中皮腫の治療法と薬剤

アスベスト関連疾患には、胸膜中皮腫、石綿肺がん、び慢性胸膜肥厚、良性石綿胸水、石綿肺、胸膜プラーク（肥厚斑）などの疾患があるとされる。石綿肺や肺がんは、アスベスト高濃度曝露によって発生するが、胸膜中皮腫の主な原因はアスベスト曝露とされ、近隣曝露などの低濃度曝露でも発生する（☞第1部一章）。以下では胸膜中皮腫の治療法と薬剤について記す。

1. 外科治療

胸膜中皮腫の治療では「手術が可能ならば、手術が望ましい。」とされている。手術に関しては、①胸膜外肺全摘術（EPP）と②胸膜切除剥皮術（P/D）のどちらを選択するべきかの議論が行われており、胸膜外肺全摘術の方が悪性腫瘍の減量効果は高いとされている。山口宇部医療センター呼吸器外科の医師（岡部和倫）によれば、「EPP →放射線療法（患側全胸郭）→化学療法」または「P/D →化学療法」を基本的な治療戦略とする。

2012年に発表された世界的な中皮腫データベースによると、Ⅰ期に対する胸膜外肺全摘術と胸膜切除剥皮術の生存期間中央値は、前者が40カ月、後者が23カ月であり、明らかに胸膜外肺全摘術の方が良い結果が得られている。しかし肺を摘出するので、術後の呼吸機能の低下は大きく、合併症の発症率が胸膜切除剥皮術よりも多いことが指摘されている。

一方、胸膜切除剥皮術は肺を摘出しないので、高齢者や心肺機能が障害されている症例にも実施可能であるとされる。山口宇部医療センターで2017年までの10年半に実施した悪性胸膜中皮腫に対する集学的治療（EPP＋放射線＋抗がん剤）の成果報告によれば、全45症例の5年

生存率は32%、2年生存率は44%、生存期間中央値30.4カ月であり、そのうち2011年以降に実施した上皮型20例の5年生存率は62%に向上した。このことから中皮腫に対するEPPを含む集学的治療の成績は明らかに以前より改善している。(岡部和倫「悪性胸膜中皮腫の治療成績は改善している!」第6回『石綿問題総合対策研究会抄録』検索「中皮腫治療―第12回世界中皮腫会議の報告」参照)。

2. 化学療法

化学療法は、抗がん剤を用いてがんを治療する方法で、手術適応のない進行した例や再発した患者に用いられる。また手術前後や放射線療法などと組み合わせて用いることもある。

2000年頃までは化学療法は効果が低いとされていたが、その後、シスプラチンとアリムタの第三相試験で初めて有効性が示され、化学療法に対する認識に変化が生じてきた。シスプラチンのみでは平均生存期間が9カ月、シスプラチンとアリムタでは12カ月に延びたことを報告する論文がある。この頃から積極的に化学療法を希望する患者が増え、日本でも2007年からシスプラチン(またはカルボプラチン)とアリムタで胸膜中皮腫を治療する患者が激増した[1]。

現在使用する薬剤としては、アリムタとシスプラチンの組み合わせが第一選択とされ、これが最も治癒成績が良いと報告されている。この併用療法は3週間を1コースとして通常4~6コースの治療を行う。ただし、これらの治療を受け病変が小さくなる効果が認められる患者は全体の約3~4割にとどまっており、病変が消失するまでの効果は期待できないのが現状である。患者によっては吐き気や食欲低下、貧血などの副作用が伴うため、高齢者にはシスプラチンの代わりにカルボプラチンを用いる。これらの薬の効果が得られない場合、ビノレルビンやゲムシタビンなどの薬を用いる場合もあるが、現時点では効果は確認されておらず、治療薬としての承認には至っていない。

近年ではがん治療の開発が進み、治療成績に関してもさまざまな報告がなされている。たとえば、がん細胞を狙い撃ちして増殖を防ぐ「分子標的治療」（ベバシズマブとペメトレキセド、シスプラチンの併用）や、がん細胞が免疫細胞にかけるブレーキを解除することで免疫細胞を活性化し、がん細胞を攻撃する新たな免疫療法などが注目されている[2]。

3. 放射線療法

放射線療法にはつぎの 2 つの方法がある。

①手術が可能な胸膜中皮腫の場合に、術後の再発防止を目的とした放射線療法

照射部位は患側（病気のあった側）の胸壁全体であり、首の付け根からへその位置くらいまでの上半身の半分に放射線を照射する。照射量は 45－54 グレイを 23－30 分割して照射するのが標準的である。しかし、照射範囲には重要な臓器があり、臓器が耐えられる照射量には限度があるため、腫瘍に対する治療としては十分な量を施行できない例もある。

②手術が困難な胸膜中皮腫の場合の腫瘍の縮小や陣痛緩和を目的とした放射線療法

照射部位は患部に絞って施行する。照射量は 30 グレイを 10 分割して照射するのが標準的である。患者の全身状態や腫瘍サイズにもよるが、多くの患者に適応があることが特徴である。

① ② いずれの放射線療法も、手術や化学療法を含めた総合的な判断が必要になるため、胸膜中皮腫の治療経験が豊富な施設を受診することが望ましい[3]。

4. 治　　験

新薬開発のためには、患者に実際に用いたデータを得る必要がある。「くすりの候補」を用いて国の認証を得るための成績を集める臨床試験を治験と呼び、健康な人と患者の協力を得て、人での効き目や副作用な

どを慎重に調査する。したがって、担当医から十分な説明を受け、患者本人が自らの意志により治験に参加するという、インフォームド・コンセントを行うことが重要である[4]。

5. 緩和ケア

症状が悪化した場合には緩和ケアを行うこともある。緩和ケアは治療の初期段階から受けることが重要である。

①胸や背中の痛みに対してはモルヒネなどの鎮痛薬や貼付鎮痛剤、放射線治療を行う。②息切れやせきに対してはコルチコステロイドやモルヒネ、抗不安薬を用いるほか、③低酸素血症を来す場合には酸素吸入療法を行う。在宅では酸素濃縮器や携帯型酸素ボンベを用いて鼻カニューレなどで酸素を吸入する。④発熱に対してはクーリング、悪寒には保温がよいとされるが、患者の希望により対処することが大切である。⑤全身倦怠感に対しては、ヨガなどのリラクゼーションによって気分転換をはかるとともに、改善が見られない場合には点滴による栄養補給、生活リズムの改善、抗うつ薬やコルチコステロイドを用いる場合もある。

以前と比較すると、緩和ケアの知識や技術は進歩し、一般にも普及しており、担当の主治医が行うこともあるが、在宅診療に通じた地元のホームドクターに依頼するのも選択肢の一つであり、また緩和ケア専門医に相談することも可能である。

6. 在宅医療・在宅療養

治療期から入院期間を短くして通院治療を行い、できるだけ長く住み慣れた自宅での療養を行うこともできる。在宅医療・在宅療養のメリットとして、家族と一緒に過ごせること、住み慣れた環境で自分らしい生活が送れること、気持ちが安らぎ、痛みの軽減や良眠、食欲が増すことなどが挙げられる。在宅医療・在宅療養の環境を整えるために、以下の支援制度や施設を活用することができる。

①介護保険制度

②在宅支援してくれる施設・業種（a. 在宅医　b. 在宅療養支援診療所　c. 訪問看護　d. ケアマネージャー　e. 訪問介護）[5]。

7. ピアサポート (peer support)

また、「同じ立場の者どうしの支援」（ピアサポート）がある。ケアを提供する者が同じ立場にあり、同じ体験をしていることが、専門家や支援者にはない力を生み出す[6]（☞項目Ⅵ）。

8. 看護師向け教育プログラム

看護師が中皮腫について学ぶ機会や方法が日本にはほとんどないが、聖路加国際大学の研究者（長松康子）が、中皮腫に関する看護師向けの2日間の教育プログラムを博士課程のプロジェクトとして実施してきた。このプログラムは2011年11月から翌年2月まで4回実施され、参加した看護師は188名にのぼった。その後も、医療従事者向けに、中皮腫患者と家族のケアに生かすための緩和ケアとコミュニケーションについて学ぶプログラムを2015年まで実施し、看護系大学での中皮腫に関する教育を継続している。

1　検索 稲瀬直彦「中皮腫の免疫療法、遺伝子治療、分子標的治療」より。
2　藤本伸一「胸膜中皮腫の治療―化学療法」『患者とご家族のための胸膜中皮腫ハンドブック』（以下『ハンドブック』）より。
3　田口耕太郎「胸膜中皮腫の治療―放射線療法」『ハンドブック』より。
4　堀田勝幸「胸膜中皮腫の治療―治験」『ハンドブック』より。
5　原桂子・中川淳子「在宅医療・在宅療養について」『ハンドブック』より。
6　大島寿美子「ピアサポート」検索 医療に関するQ＆A中皮腫・アスベスト疾患・患者と家族の会）

（岡部和倫・長松康子協力、奥堀亜紀子・八幡さくら担当）

Ⅲ. 関連法規から

1. 使用禁止の道筋（☞第１部五章）

1975　**特定化学物質等障害予防規則**：アスベストの吹きつけ作業禁止。

1995　**労働安全衛生法**：アモサイトとクロシドライトの製造、輸入、譲渡、提供・使用禁止。

労働安全衛生規則：耐火建築物等の石綿除去作業に関する計画の届出義務。

1996　**大気汚染防止法**：吹き付けアスベストを使用する建築物（延べ面積 500m^2 以上）の解体等の作業に伴う石綿による大気汚染を防止するため、作業基準の設定、事前届出等を規定。解体時のアスベスト除去の義務化。

2004　**労働安全衛生法**：クリソタイル（白石綿）を、1% を超えて含有する建材、摩擦材、接着剤の製造、輸入、譲渡、提供・使用の禁止。

2005　**石綿障害予防規則**：建築物と工作物について石綿等の使用の有無を目視、設計図書等により調査・結果の記録をさせる。

2006　**大気汚染防止法**：吹付け石綿等（石綿含有断熱材等を含む）使用建築物の解体・補修等の場合、面積にかかわらず届出を規定。

建物取引業法：建物に石綿の有無があるかの記載義務。ただ有無が確認できないときは、その旨の説明で差し支えないとした。

労働安全衛生法：石綿製品の定義を含有 0.1 % に引き下げ。アスベスト使用全面禁止。

石綿障害予防規則：吹付けアスベストの封じ込めと囲い込みについて、除去工事同様の措置を命じる。

大気汚染防止法：工作物（工場のプラント等）も規制対象に追加。

建築基準法：建築物の増改築時のアスベスト除去義務化。

2007　**建築基準法**：特殊建築物の所有・管理・占有者の敷地・構造・建

築設備の常時適法な状態維持と定期的調査、結果の特定行政庁への報告、報告内容にアスベストの有無、改善措置の予定・内容も記載義務。

宅地建物取引業法：建物に石綿使用有無の調査記録がある場合の内容説明を定める。

2013 **大気汚染防止法改正**：アスベスト飛散を伴う解体等工事の実施の届出義務者が工事施工者から発注者に変更。発注者も一定の責任。解体等工事受注者に、アスベスト使用有無の事前調査実施・調査結果等の説明義務。届出のない場合も、解体工事の発注者・受注者、自主施工者が都道府県知事等の報告徴収の対象になり、解体工事の建築物が立入検査の対象になる等の強化が行われた[1]（☞項目Ⅷ）。

2. 労災認定に関する法律

アスベスト関連疾患は、作業中の事故や過労死などと同様に、労働者災害補償保険法（同名で 検索 ）の対象となる。一般的には、本人や遺族の請求に基づいて労働基準監督署が業務に起因するものかどうかを判断する。認定されると療育補償、休業補償、障害補償、遺族補償などが給付されるが、各給付について2年ないし5年の時効が存在する。中皮腫、肺がん、石綿肺などについても厚生労働省の「認定基準」が存在するが、不認定の場合、再審査請求や取消の訴訟でこれを争うことができる（☞項目Ⅳ）。給付額の算定方法も法によって定められている。

また、後述の石綿による健康被害の救済に関する法律（石綿健康被害救済法）の一部改正により、労災保険の遺族補償給付を受ける権利が時効（5年）によって消滅した場合、以下のような場合、石綿健康被害救済法の特別遺族給付金に関する請求ができることになった。特別遺族給付金の請求期限が2022（平成34）年3月27日までに延長され、この給付金の支給対象が、2016（平成28）年3月26日までに亡くなっ

た労働者の遺族に拡大された（検索 厚生労働省石綿健康被害救済法改正）。

3. 石綿健康被害救済法（「救済法」）

「クボタショック」（☞第1部二章）後の2006年に労災補償などが受けられない被害者と遺族に対する「救済」として立法、施行された。認定された被害者には医療費（自己負担分）、療養手当（月額103,870円）、（死亡後の）遺族に対する葬祭料が、施行前の死亡者に対する特別遺族弔慰金と特別葬祭料（2,999,000円）が支給される。申請と認定は、独立行政法人環境再生保全機構（同名で検索）が行う。その後、2度改正が行われ、現状では指定疾病は、中皮腫、アスベストを原因とする肺がん、著しい呼吸機能障害を伴う石綿肺、著しい呼吸機能障害を伴うびまん性胸膜肥厚である。「救済法」の立法と改正は患者と家族、支援のNPOなどの運動抜きには考えられない（☞項目Ⅳ、Ⅵ）。

石綿健康被害救済法は、労災補償と比較すると、給付内容と給付額に大きな開きがあり、その財源の問題も含め、さらなる法改正の課題となっている。2016年に中央環境審議会環境保健部石綿健康被害救済小委員会で、被害者の代表も委員として加わり、審議されたが、改正には至っていない[2]。

1 吹き付けアスベスト等については、国による除去補助制度がある。神戸市の例（検索：神戸市吹付けアスベスト除去等補助制度）。

2 救済制度に関しては「補償基金制度」の創設や公健法（公害健康被害の補償等に関する法律）の適用などの提案がある（☞資料）。また、アスベスト被害を法的にどのように位置づけるべきか、「公害」の範疇に入るかどうかも含め議論が続いている。

（松田毅担当）

Ⅳ. アスベストによる健康被害に関する訴訟・補償

アスベストによる健康被害に関する訴訟は、雇用企業に対する損害賠償請求、企業に対する国の管理責任を問う国家賠償請求(☞第1部三章)、労働者災害補償保険、つまり、労災認定に関わる行政訴訟に大別できる(☞『石の綿』[1] 四章、八章)。

1. 雇用企業に対する損害賠償請求

石綿パイプ等の製造、造船など、石綿製品使用企業に対する裁判の全貌は不明であるが、会社が内々に一定金額を被雇用の被害者に支払う事例や、裁判ではなく和解の事例も少なくない。1970年から82年までクボタ旧神崎工場の石綿製品の積み込みなどに従事していた男性の作業着を自宅で洗濯していた妻が、2004年に肺がんで死亡し、肺から石綿繊維が検出された例では、その検出量が基準を下回るとして、会社に対して損害賠償を求めた裁判では1審、2審で因果関係が否定され、最高裁で上告が棄却された（☞第1部一章)。

2. 企業に対する国の管理責任を問う国家賠償請求

2006年提訴の泉南国賠訴訟[2]以降、2008年から建設労働者の集団訴訟が、東京、横浜、札幌、大阪、京都、福岡の地裁で争われ、2017年末現在で14件の同種訴訟が起こされている。2018年3月の東京高裁の判決までの8件すべてが国の管理責任を認め、うち3判決が企業責任も認定した。最近では2017年10月（原告89人）の東京高裁判決が、1. 国が事業者に労働者への防塵マスク着用を義務づけなかった規制権限不行使と、2. 国がアスベストを含む建材に警告表示を義務づけなかったことを違法と認定し、44名への賠償を命じた[3]。また2018年3月（原告354人）の東京高裁も国の責任を認め、労働安全衛生法

の趣旨により個人業主（「一人親方」）も労働者であるとし、責任の範囲を特定化学物質予防規則改正に関わる 1975 年 10 月までとした（新聞各紙）[4]（☞項目Ⅲ）。これらの国賠訴訟の結果を受け、神戸、尼崎、鹿児島、香川などでも提訴があった[5]。

なお、泉南国賠訴訟 2014 年 10 月最高裁判決以後、国は 1958 ～ 71 年にアスベストを扱う工場などで働き、労災認定などを受けた人に対して、賠償責任をもつことになったが、賠償金の受け取りに必要な提訴は必ずしも増加してはいない。そのため、厚生労働省は健康被害で賠償を受けられる可能性のある約 2,300 人に提訴を促す通知を送っている（2017 年 10 月 28 日 日本経済新聞記事より）。

3. 労災認定（労働者災害補償保険）に関わる行政訴訟

労災不認定の取消を求める訴訟のうち石綿関連肺がんの場合、1 審は労働基準監督署が「画像で胸膜プラークがない」とした点を追認したが、2 審は被害者の労働環境（同じ課に労災認定者がいることなど）や長期の曝露従事期間などから不認定を取消した判例がある[6]。また、私立学校の教員で中皮腫と肺がんで亡くなり、遺族が名古屋東労働基準監督署に労災申請を行ったが、不支給となり提訴し、曝露はあるが「要件を満たしていない」などとして認められなかった例もある。

公務員の公務災害認定は、神戸港郵便局に勤務し、外国郵便を扱った職員、長田区のゴム産業の研究を行った研究者など、20 例以上がある（2014 年時点）。また、明石市の環境部で廃棄物の収集業務を行っていた職員が、阪神淡路大震災時にがれき撤去、運搬、処分業務に従事し、2012 年に腹膜中皮腫を発症、死亡した事例では、「発症までの期間が短い」などの理由で公務災害認定が認められず、2018 年に提訴している（☞第 2 部四章）。なお、同じく当時、被災者の救護や警戒を担当した警察官が、その後、胸膜中皮腫で死亡し、2018 年 3 月に公務災害認定を受けた（2018 年 4 月 27 日神戸新聞）。

4. 法の不在

泉南国賠裁判（2010 年 5 月 19 日大阪地裁判決）では、工場の操業当時アスベスト労働者ではなかった原告（工場近隣の畑で農作業した農家、作業場に乳児の頃から同伴されていた石綿労働者の子供）の訴えが退けられた。また、昭和 34 年以前に作業場で働いたアスベスト労働者についても同様である（☞第 1 部三章）。

前者の場合、アスベスト産業が、労働者以外の人々に及ぼした被害について、それを不法行為あるいは国の管理責任上の不作為を違法とする法が当時なかったことによる。また、後者についても、同じような被害を受けた労働者でも従事していた期間が、裁判所が認めた法の施行以前であったことが訴えを退ける理由となっている。言い換えれば、原告にとってはとても容認できないことではあるが、不法行為を認める何らかの法がすでに存在しており、かつそれを適用することができなければ、被害者は賠償が受けられないのである。ここには国家賠償法に関連する「立法不作為」の問題があると考えることができる。

1 マンガで読むアスベスト問題『石の綿』松田毅・竹宮惠子監修　かもがわ出版　2012 年
2 2014 年 10 月の最高裁判決は、1975 年以前の国の規制権限不行使を認めた。つまり、労働大臣は 1958 年当時の労働基準法に基づき、省令制定権限を行使し、罰則をもって石綿工場に局所排気装置を設置することを義務付けるべきであった点、旧特定化学物質等障害予防規則が制定された 1971 年まで労働大臣が上記の省令制定権限を行使しなかった点、これらは旧労働基準法に照らして著しく合理性を欠き、国家賠償法 1 条 1 項の適用上違法であると判断した。（ただし、1971 年以降の労働者 3 名に法が適用されなかった。）
3 判決は防塵マスクの使用を義務づけるべきだった時点を 1981 年としたが、76 年や 72 年とする判決もある。企業も 1975 年時点で建材に警告表示を義務があったとし、アスベスト製品シェアなどに基づき、4 社に 39 名の賠償を認めた（検索 建設アスベスト訴訟）。
4 労働安全衛生法の改正に関わり、終期が 2004 年 9 月 30 日とされた。
5『HOSHC 労働安全衛生』（NPO 法人ひょうご労働安全衛生センター発行）による。
6 大阪高裁 2016 年 1 月 28 日判決。厚生労働省の見解では、肺がんは石綿作業 10 年以上かつ医学的所見が認定の条件となっている。この場合、医学的所見とは、胸膜プラークの存在、石綿小体（5,000 本以上）ないし石綿繊維数を意味するが、これと 2 審の判決は対立する。

（伊藤明子協力、松田毅担当）

V. 行政によるアスベストリスク対策の課題

1. 日本のアスベスト使用の状況から

日本で使用されたアスベストは、第二次世界大戦中を除き、そのほとんどが輸入による。輸入や使用は1970から1980年代に集中し、約1,000万トン輸入されたうちのおよそ8割以上が建材に使用された。この時期に使用されたアスベストは数多くの建物に含まれたままである。

アスベスト繊維は対策が不十分であれば、飛散し、人がそれを吸い込む。一部は異物として排出されるが、その繊維は丈夫で変化しにくい性質のため、肺の組織内に長く滞留し、中皮腫や肺がんなどを引き起こす（☞項目Ⅰ、Ⅱ）。

2. 建物解体による飛散に対する対策

アスベストによる健康被害防止に関して、現状の最重要な課題が、建物解体時の曝露の予防である（☞項目Ⅷ）。粉じんの発生しやすさを意味する「発じん性」、つまり飛散性のレベルは、危険性の高い順から、〈レベル1〉〈レベル2〉〈レベル3〉と分類されており、レベルごとに解体作業の手順が異なる。

〈レベル1〉に関しては、作業前に事前調査、労働基準監督署に「工事計画届」と「建物解体等作業届」、都道府県庁に「特定粉じん排出等作業届」と「建設リサイクル法の事前届」の提出が必要となる。以上の届出後に、周囲への注意喚起をおこなうための看板を掲示し、湿潤化や作業場の清掃を徹底させるとともに、前室を設け、解体場所を隔離し、負圧除じん機の設置などにより飛散防止をすることが義務付けられている。また、作業員の特別教育、保護具の装着も義務付けられている。

〈レベル2〉に関しては、労働基準監督署への工事計画届出は必要なく、保護具がやや簡易になるが、他の対応はレベル1と同様である。

〈レベル 3〉に関しても、事前調査の必要性・周囲への注意喚起や建材の湿潤化は必要であるが、各書類の届出は不要となり、前室の設置による隔離も求められていない。作業員の保護具もより簡易である（環境省 水・大気環境局大気環境課「建築物の解体等に係る 石綿飛散防止対策マニュアル 2014. 6」)。

3. 震災とアスベスト

建物の崩壊・解体、がれき処理によるアスベストの飛散防止の対策が強く求められるのが、日本の場合、地震の発生時である。1995 年の阪神淡路大震災の際は、アスベストに対する認識は市民も行政もまだ乏しかったが（☞第 1 部四章)、この間、震災時のアスベストの飛散状況の調査と飛散防止対策の活動を行ってきた東京労働安全衛生センターによれば、その後、被災地の市民の認識や関連自治体の対応にも少しずつであるが、改善が見られる。

同センターが 2011 年の東日本大震災後 3 年間、実施した調査では、被災地で発見されたアスベスト含有吹付け材は、阪神淡路大震災と比較すると予想外に少なく、レベル 1 の建材の発見と対策工事も適切に行われた、とされる一方、レベル 1 の建材の解体作業時の漏洩事故が頻発したことも明らかとなっている――これが 2013 年の大気汚染防止法改正の一因になった、と同センターは評価する（☞項目Ⅲ)。

さらに、同センターの調査によれば、2016 年 4 月の熊本地震では、危険な建物の早期発見や解体時のレベル 3 対策、仮置き場での分別などの点で良好な事例が見られたが、被災地では、本来なければならない注意喚起の看板設置の義務付けが不徹底な状況もある。このように、法律は整備されてきているが、アスベスト建材がばらばら落ちているという現場がまだあるように、いぜんとして課題は残る。

4. 日常の飛散事故──学校および公営住宅の場合

行政の対策の大きな課題が学校の建物にある。2015年6月のインデペンデント紙によれば、英国では年間20名ほどの学校教員と生徒（卒業後）200～300人が中皮腫で死亡している。教員組合は、学校建物の86％にアスベストが残っていると指摘し、政府はアスベスト災禍と闘わなくてはならないと訴えた。この事態は英国に限らない。同じ警告がアメリカでも2015年末の上院議員報告にもある。すでに1993年には、屋根に石綿スレートを使用していた、西オーストラリアの或る学校の教員12名と3名の卒業生が中皮腫の診断を下されたことが報道されている。日本でも、1987年に学校関連施設で使用されていた吹き付けアスベストの危険性報道を受け、世論の高まりがあったが、当時、文部省の指示の下で行われた調査には漏れがあり、除去工事も不十分なものがあった（☞第1部五章）。

学校は特に火事を出してはならない施設であるため、アスベストを大量に使用した。また､第二次世界大戦後の世界的なベビーブームのなか、学校の増築が繰り返された時期とアスベスト使用増大の時期が重なる。日本でも教員から多数の中皮腫患者が出ている。環境再生保全機構のまとめた『石綿健康被害救済制度における平成18～27年度被認定者に関するばく露状況調査報告』によれば､救済給付を受けた被災者アンケート調査から2006～15年の累計で、職業分類統計では178人の教員、産業別分類では283人の教育･学習支援業従事者があったことが分かっている（☞項目Ⅸ 永倉論文）。

2005年の「クボタ・ショック」以降、文部科学省は大学も含む、学校などの管轄下の公共建造物に残るアスベストの調査と対応を指示したが、その後も飛散事故（大阪府立金岡高等学校、旧夙川学園短期大学解体工事など）は後を絶たず、中皮腫を発症した教員に関する労災認定をめぐる訴訟も起こっている状況である（☞項目Ⅲ, Ⅵ）。

最後に、類似の問題に触れておきたい。1964年(当時1歳)から20

年間、神奈川県の公営住宅に暮らした女性が2015年8月に悪性胸膜中皮腫と診断された例が2017年に報告された。その団地の天井に吹付けアスベストがあり、小さい頃、天井をつついて遊んだこともあったという。同じような公営住宅は全国で2万棟を超え、リスクが懸念される（NHK「クローズアップ現代」2017年6月12日放映）。

（外山尚紀・永倉冬史協力、奥堀亜紀子・松田毅担当）

Ⅵ．新たなネットワークの立ち上げ

1. アスベストの記憶

日本では 1987 年に学校施設の吹付けアスベストとその除去工事が初めて大きな社会問題となり、学校のアスベスト問題は「学校•パニック」と呼ばれた。このパニックは日本の社会にアスベストの問題を広く知らせたはずであったが、時間の経過とともに、アスベストに関する日本社会の記憶は風化していったと言わざるをえない。当時からこの問題に取り組んでいた人々はそう語る（☞第 1 部五章）。

2. 中皮腫・アスベスト疾患・患者と家族の会

クボタ・ショック（☞第 1 部二章）の前年の 2004 年、日本で初めてアスベスト疾患の患者とその家族が中心となって、「中皮腫・アスベスト疾患・患者と家族の会」（以下、「家族の会」）を結成した。家族の会の活動の柱は次の三点である。①病気になった者とその家族同士の交流の場をつくること、②原因を明らかにすることを通じて労災保険の適応あるいは環境災害としての救済をお手伝いすること、③患者と家族のおかれる実情を十分に調査し、医療関係者と行政関係者や関連する企業へその声を伝え、誠意のある対応を求めることである（『「明日をつなぐ出会い」アスベスト被害　声を上げた患者と家族の１０年の歩み』から）。

「中皮腫」の読みもその意味もほとんど知られていなかった社会状況のもと、孤独と先の見えない不安のなかで治療をつづけていた患者と家族が勇気を出して、「ひとりで悩まないで、みんなで輪をつくりませんか」と声を上げた（上掲書）。クボタ・ショックが起きたのは、こうして患者と家族の会が発足した翌年のことであった。

クボタ・ショックは、同じような症状に苦しんでいた患者たちに「自分の病気もアスベストによるものではないか」と考える契機を与え、家

族の会の輪は次第に拡大し、多くの患者同士、また家族同士の出会いを生む場となっていった。家族の会は、横須賀、関東、関西の三部を起点に、ひょうご、広島、山口、尼崎、北海道、奈良、四国、東海、岡山、南九州、北陸、東北と全国に設立され、山陰、泉南、山梨、神奈川、新潟、福岡、長野を加え、現在では22支部、会員数は900名(2018年3月現在)を超えている。(検索 中皮腫・アスベスト疾患・患者と家族の会)。

家族の会は、「二度と『アスベストの記憶』を風化させてはならない」と訴える。

3. 全国ホットライン

家族の会は、アスベストによる、健康被害を受けた患者やその家族のための、「石綿による健康被害の救済に関する法律」による救済給付や労災認定（☞項目Ⅲ）、療養についての相談窓口となるため、毎年発表される厚生省の労災認定事業場情報公表の時期に合わせ、中皮腫・じん肺・アスベストセンターや全国労働安全衛生センターなどの協力のもと、全国に相談ポイントを置いて、ホットラインを開設している。

4. 近年のネットワークの動向

家族の会は、近年さらに新しいネットワークとして拡がりつつある。

2017年に患者と家族の会の栗田英司氏と右田孝雄氏などによって結成された「中皮腫サポートキャラバン隊」がある――同ネットワークは、全国に点在する長期生存者や元気に療養している中皮腫患者にインタビュー調査を実施し「希望の体験記」をまとめるため「中皮腫・同志の会」を立ち上げた右田氏の活動に始まり、栗田氏らとともに全国で闘病体験を語っている（同名で 検索）。

また、同じく2017年9月、西宮、堺、さいたま市の市民が「アスベスト市民ネット」を立ち上げている。兵庫県から「ストップ　ザ　アスベスト西宮」（同名で 検索）が参加し、「中皮腫・じん肺・アスベス

トセンター」の永倉冬史事務局長が代表に就いて、2017年7月26日に市民ネットを設立。同年9月には西宮市内でシンポジウムを開催し、各地で起きている問題について検討するなど積極的に活動を展開している。

このほか、大阪泉南地域のアスベスト国家賠償請求訴訟を勝たせる会（同名で検索）、建設労働者（☞項目Ⅳ）、日本エタニット関連などのアスベスト訴訟の原告支援の活動やそのネットワークがある。これらについては、中皮腫・じん肺・アスベストセンターや大阪アスベスト弁護団などのサイトからも知ることができる（同名で検索）。

また、アジア、世界のアスベスト会議をはじめとした、世界各国とその相互のネットワークについては、ロンドンにある、International Ban Asbestos Secretariat（http://www.ibasecretariat.org/）の活動からその現状を知ることができる（☞第1部五章）。イタリアのカザーレ・モンフェッラート市の場合も、AFeVa（「アスベスト患者と家族の会」http://www.afeva.it/storia-eternit/vertenza）の活動がある（☞第1部六章）。

（飯田浩・西山和宏協力、奥堀亜紀子担当）

Ⅶ．世界のアスベスト事情
―アジア地域における白石綿の使用禁止を焦点に

（古谷杉郎「アジアの政府・政策決定者に対する公開書簡」より抜粋）

科学者、医師、労働衛生、関連疾患専門家たちは、アスベスト被害者や労働組合とともに、アジア地域の白石綿（クリソタイル）の使用継続に対する深い懸念をここに表明する。

1. 白石綿は今日、世界のアスベスト関連疾患の主要な原因である。白石綿もまた肺がん、中皮腫、石綿肺、喉頭がん、卵巣がんを引き起こす。国際がん研究機関（IARC）はこれに関する証拠を有する。

2. 白石綿の繊維は、体内で 14 日以内に消失し、アスベスト関連疾患を引き起こさない、という主張はまったく間違っている。

3. 世界の 80％が白石綿を使用しているという主張も間違っている。大多数の国は、白石綿を公式に禁止ないしは製造を停止している。2015 年に原料アスベストの消費報告があったのは、87 カ国であり、ほとんどはきわめて少量しか消費していない。5 万トン以上使用したのが、中国、インド、インドネシア、ベトナム、ウズベキスタン、ロシア、ブラジルであり、そのうち、アジアの消費が 75％である。

4. 2006 年の国際労働会議は、アスベストの使用停止が、アスベスト曝露から労働者を守り、アスベスト関連疾患を予防するためのもっとも有効な手段であると宣言した。

5. 世界保健機関（WHO）は、「アスベスト関連疾患を根絶するもっとも有効な道は、すべての種類のアスベストの使用をやめることである」と繰り返し表明している。

6. サプライ・チェーンのすべてを通じた「安全な使用」を確保する方法はない。アスベスト使用とアスベスト関連疾患の負荷は比例する。このことは、工業国のアスベスト関連疾患の深刻な事態が、アスベストの「安全使用」確保のあらゆる試みにもかかわらず、過去数十年のアスベスト使用によるものであることからも明らかである。

7. 最新の推計では 2016 年のアスベスト起因の死亡の世界負荷は年間 222,000 人である（2017 年公表の世界疾病負荷調査 ☞項目Ⅰ）。この数字でさえ過少推計であるという証拠もある。

8. 貧しい人々に安価な住宅建材を提供する――アスベスト含有製品の「低価格」が使用継続の理由とされることがあるが、（その場合、）将来、建物などからアスベスト含有建材を除去・安全に廃棄する費用、アスベスト関連疾患被害者の補償・治療、劣化した有害屋根材をもつ家屋に暮らす人々の曝露リスクに対する費用は考慮されていない。

9. アスベスト含有製品に代わる安全で経済的な代替品が存在し、使用されている。

10. アジアで開発されたアスベストフリー技術は、地域の雇用と環境にやさしい産業を創り出す機会になっている。

11. 適切な時期に適切にアスベストの危険に対処するのを怠ったことで、非難や訴訟を経験している政府が存在する。

12.WHO の調査によれば、アスベスト禁止国に GDP への悪影響はない。

（担当の松田毅が古谷氏のもとの文章を要約）

Ⅷ．リスク・コミュニケーション
――アスベストの飛散事故と曝露を防ぐ

日本の現状ではアスベストの飛散事故と暴露を防止するために、第一に重要なのは、アスベストを日常的、専門的に扱う作業者がアスベストのリスクに関する十分な知識と技能をもつことである。そのために実効性のある資格制度を整備することが必要である。これは、アスベストによる健康被害者の 80 ～ 90%が労働者だからである。また、リスク・コミュニケーションによって、いぜんアスベストを含む可能性のある建物の管理者や業者、関連する行政職員、さらには一般市民も、曝露しないために必要な知識をもてるようにすることが重要である。

1. 解体工事などの作業者・施工者に対して

日本には解体工事におけるアスベスト除去作業に関わる資格として「石綿作業主任者技能講習」、その教育として「石綿特別教育」がある。しかし、いずれも主に座学で取得可能なうえ、更新が必要とされない。さらに、除去作業の免許制度・空気中濃度測定資格・除去の完了検査義務・建物の石綿管理資格についても規制や資格はない。その点で、アスベスト除去事業者向けの講習会や資格が充実しているイギリスからは大きく立ち遅れていると言わざるをえない。労働基準監督署や自治体職員が、除去現場に立ち入り調査を行うこともあるが、その場合も抜き打ち調査は極めて少なく、国が請負業者の資質や体制を問うこともないのが現状である（毎日新聞 2017 年 2 月 1 日 /15 日記事から）。

環境省は 2017 年度に「建築物等の解体等工事における石綿飛散防止対策に関わるリスク・コミュニケーションガイドライン」の作成と「災害時における石綿飛散防止に関わる取り扱いマニュアル」の改訂を行い、建物をより安全に解体することにより、アスベスト飛散に対する周辺住

民の不安を解消しようとしている。

同省のサイトには解体等工事の発注者および自主施工者に向けたガイドラインと解体工事等における石綿飛散防止対策に関するリスク・コミュニケーションの基本的な考え方や手順等がまとめられている（検索：環境省アスベスト対策 ☞項目Ⅴ）。

しかし、アスベストの除去事業者および建物の所有者や管理者に対する安全教育は十分とは言えず、早急に充実させていくことが求められている。

このような認識から、中皮腫・じん肺・アスベストセンター（永倉冬史）が、解体工事現場周辺の住民との間のリスク・コミュニケーションの一環として、工事業者、住民、地元行政との認識を共有するためのアスベスト講習会を開催している。また、東京安全衛生センター（外山尚紀）も石綿作業主任者技能講習の他、石綿含有建材の分析や講習を行っている（検索：東京労働安全衛生センターの石綿分析）。

2. 住民向けアスベスト・リスクコミュニケーション

アスベストの基礎知識を学習するための東京労働安全センターなどNPOによる住民向け講習会が、東京、横須賀、大阪、神戸、名古屋、熊本、仙台などで開催されている。開催内容はおおよそ以下のとおりである。

①アスベストに関する基礎的知識の普及

②工事現場や震災被災地のアスベストの現状の紹介

③アスベスト被害の予防にリスク・コミュニケーションが有効であることの紹介

④アスベスト飛散事件の訴訟の紹介

⑤ワークショップ

- 簡易顕微鏡によるアスベスト繊維の観察
- アスベスト含有建材の観察
- 街でアスベスト建材の建物での使用実態を見る

・アスベスト学習教材の実演（「クロスロード」等）

この講習では、愛知教育大学の研究者（榊原洋子）が考案した、アスベスト簡易判別技術と比較的安価なスマートフォン用顕微鏡を組み合わせた方法が学べる。一般に石綿含有建材の特定は専門的でかなり費用がかかるが、この方法により、一定の種類と形状の建材の含む石綿繊維が目視でき、写真も撮れるようになった[1]。

3. 大学教育でのリスク・コミュニケーション

教育関係の就職希望者が多い愛知教育大学では、環境問題の例としてアスベスト問題を取り上げ、防災、減災、リスク教育に活かすために授業が行われている（榊原担当）。以下は、その開発中の教育モジュールである。

- ・学校にある／あった石綿（画像集）
- ・小さな浮遊物質の大きさ比べ——もしも石綿繊維が見えたなら——（問題・予想・議論・結果／花粉・pm2.5・アスベスト繊維の５万倍模型）
- ・見えない石綿を見る！（偏光板シートを用いた石綿簡易判別キットの開発と実用）
- ・身の回りの石綿建材マッピング調査（自分の生活環境中にある古い波板スレート建物の調査・マップ化・家族友人との石綿リスク・コミュニケーション）
- ・一人から始められる「マスクプロジェクト」（防じんマスクの装着実習、家族友人に語る・防災備蓄の勧め）[2]

4. 親子向けアスベスト・リスクコミュニケーション活動

学校や大学の授業のなかでもアスベスト問題が扱われることがあるが、それ以外にも、子どもたちや保護者にも身近なところにあるアスベストの危険性を認識してもらう、リスク・コミュニケーションの試みが

ある。聖路加国際大学の研究者（長松康子）は、多言語のサイト「FREA Freedom From Asbestos アスベストから子供を守ろう」（検索：FREA アスベストから子供を守ろう）を公開し、アスベストに関する情報提供を行い、中皮腫・じん肺・アスベストセンター（永倉冬史）と共同し、親子向けの相談会や講習会も行っている[3]。

5. アスベスト防災のための教育ツールの開発

「クロスロード」（登録商標）は、阪神・淡路大震災の経験者のインタビューから開発された防災ゲームである。発災時の困難な状況下の意思決定とその理由を参加者が一緒になって考える、グループワークのためのツールである。多様な経験・知識の共有と討議の機会を提供し、参加者の考えを引き出し、知恵を集める。神戸大学の教員（松田毅）と学生は、「患者と家族の会」の会員と神戸クロスロード研究会等の協力を得て、「震災とアスベスト」のクロスロードを試作・試行している。以下がその問題例である。

① 「あなたは、ボランティア。」「ボランティアで震災現場へ行った。物資を届ける車を通すためにもがれきの処理が急がれるが、マスクが不足している。ホコリが舞う中、マスクなしでがれきの処理を行う？」

② 「あなたは患者の家族。」「あなたの家族が、中皮腫であると診断された。40年前に家の近くにあった工場で使われていたアスベストを吸ったことが原因だと思われる。訴えたい気持ちはあるが、裁判には多大なお金や時間がかかる。それでも裁判を起こす？」

身近な状況から始めながら、より困難な状況を設定し、参加者が想像力を働かせ具体的な対応を考え、学びあう（検索：「震災とアスベスト・リスク」に関するクロスロード試作と試行から）。

1　このアスベスト簡易判別技術は偏光顕微鏡の構造を利用したもので、観察装置と試料を合わせ約3000円で作成できる。（検索：アスベストを知るワークショップ報告 2017.9.30）

2　石綿建材マッピング調査、防じんマスク装着は、東京労働安全衛生センター、中皮腫・じん肺・アスベストセンターによる諸事業を参考にしている。

3　①子ども向けのアスベスト粉じん防護マスクの備蓄、②震災時の近隣自治体からのマスクの配布体制の確立、③広範なリスク・コミュニケーションの確立、④アスベストに関する基礎知識を普及させ、リスク・コミュニケーションの素地を作る。この4点を掲げ、国、行政、企業、市民が手を携えて取り組むことを目指す、「マスクプロジェクト」も行われている。

（榊原洋子・外山尚紀・永倉冬史協力、八幡さくら担当）

Ⅸ. 参考資料

1. マンガ

- *Eternit, dissolvenza in bianco,* 2012. Autore:Assunta Prato, Illustrazioni: Gea Ferraris.（☞第 1 部六章）
- *Amiante: chronique d´un crime* social.2005.Enquête, Albert Dradov, Scénarios. Albert Dradov/Dikeuss,Découpage. Dikeuss / Albert Dradov, Dessins, Pauline Casters/ Cordoba/Fred Coicault/ Ian Dairin/ Dikeuss/ Kkrist Mirror/ Lazoo/ Jean-Frédéric Minéry/ Jean-François Miniac/ Thierry Olivier/ Unter. Septiéme Choc

2. 映画・テレビ番組から（NHK オンディマンドなどで視聴可能なものを含む）

- 『ニッポン国 vs 泉南石綿村』原一男監督　2018 年
- DUST-the great asbestos trial (英語字幕) イタリア、スイス、ベルギー 2011, 監督 : Niccolò Bruna and Andrea Prandstraller
  検索 https://vimeo.com/69610673
- 「新たなアスベスト被害　調査報告・公団住宅 2 万戸」NHK クローズアップ現代　2017 年 6 月 12 日放映
- 「あなたの周りにも危険が…終わらないアスベスト被害」NHK クローズアップ現代　2016 年 2 月 4 日放映
- 『孤高の警部ジェントリー』21 話「巨悪への挑戦 Breathe in the Air」2016 年　BBC 制作
- 「アスベスト 被災地に潜むリスク」NHK クローズアップ東北　2013 年 4 月 12 日放映
- 「泉南アスベスト禍－警告から 70 年「石綿村」からの問い」毎日放送 2010 年 2 月 21 日放映
- 「終わらない「あの日」阪神・淡路大震災から 14 年」NHK 関西熱視線特集 2009 年 1 月 16 日放映（第 1 部四章）
- 「この人と福祉を語ろう 作家・佐伯一麦」NHK 教育 2008 年 4 月 16 日放映
- 「責任の所在を求めて　アスベスト被害者の苦悩」NHK 関西クローズアップ 2006 年 4 月放映
- NHK スペシャル「アスベスト 見過ごされた警告」2006 年 4 月 14 日放映
- NHK スペシャル「アスベスト あなたの不安に答えます」2005 年 10 月 8 日放映

・「終わりなき葬列　拡大するアスベストの恐怖」テレビ朝日系　2005年1月29日放映（☞第1部二章）

3．書籍・論文・報告書などから

・「悪性胸膜中皮腫の治療成績は改善している！」岡部和倫『石綿問題総合対策研究会抄録』2018年
・『「ニッポン国VS泉南石綿村」製作ノート：「普通の人」を撮って、おもしろい映画ができるんか？』原一男・疾走プロダクション（編集）　現代書館　2018年
・『患者とご家族のための胸膜中皮腫ハンドブック』「胸膜中皮腫に対する新規治療法の臨床導入に関する研究」班　藤本伸一監修　2017年
・『アスベスト問題　2011-2017　2つの大震災から学び来るべき都市型地震に備えるアスベスト対策の提言と普及活動』特別非営利活動法人東京労働安全衛生センター 震災アスベストプロジェクト　2017年
・「日本でのアスベスト飛散事例とその問題」永倉冬史、『政策科学　アスベスト特集号』2017　pp.201-222
・『仄かな希望　アスベストに冒された中皮種患者の闘病記』橋本貞章　かもがわ出版　2016年
・『国家と石綿』永尾俊彦　現代書館　2016年
・『アスベスト関連疾患日常診察ガイド 改訂3版』労働者健康安全機構編　2016年
・*A Town called Asbestos, Environmental Contamination, Health, and Resilience in a Resource Community. Horssen.v.J.,* The University of British Columbia. J, 2016.
・『アスベストに奪われた花嫁の未来』北穂さゆり　エタニットによるアスベスト被害を考える会　2015年
・「包括的石綿健康被害補償制度の構築に向けた提言—被害者の立場から考える新たな補償制度について」坂本将英、『環境経済・政策研究』Vol.8.No.1.2015,1-18.
・『労働旬報』1837号2015年4月特集「大阪・泉南アスベスト国賠訴訟最高裁判決」
・“Community exposure to asbestos in Casale Monferrato: from research on psychological impact to a community needs-centered healthcare organization” Granieri. A., Ann Ist Super Sanità. 51. N.4.336-341. 2015.
・『戦後日本公害史論』宮本憲一　岩波書店　2014年

・『死の棘・アスベスト』加藤正文　講談社　2014 年
・『「明日をつなぐ出会い」アスベスト被害　声を上げた患者と家族の 10 年の歩み』中皮腫・じん肺・アスベスト疾患・患者と家族の会　2014 年
・『忍び寄る震災とアスベスト 阪神・淡路と東日本』中部剛・加藤正文　かもがわ出版　2014 年
・『アスベストリスク 阪神・淡路大震災から 20 年』震災アスベスト研究会編　2014 年
・*No Life with Asbestos,* Jasperse. R., 2014.America Star Books（原著はオランダ語）
・『アスベスト・原子力災害 特集号 2012 年度版』立命館大学政策科学会　2013 年
・『建物の煙突用石綿断熱材 : 劣化・飛散の実態と今後の管理について』中皮腫・じん肺・アスベストセンター、東京労働安全衛生センター編著　アットワークス　2013 年
・『エタニット 史上最大のアスベスト訴訟　日本語版』日本エタニットパイプ分会アスベスト共闘会議編　2012 年（*Eternit and the Great Asbestos Trial.* Ed.by David Allen and Laurie Kazan-Allen. IBAS, London. 2012.）
・『アスベスト問題 特集号 2011 年度版』立命館大学政策科学会編　2012 年
・『石綿障害予防規則の解説—第 5 版』中央労働災害防止協会編　2012 年
・『問われる正義 : 大阪・泉南アスベスト国賠訴訟の焦点』大阪じん肺アスベスト弁護団編　かもがわ出版　2012 年
・*The Politics of Asbestos Understanding of Risk, Disease and Protest.* Waldman. L., London. 2011.
・『終わりなきアスベスト災害—地震大国日本への警告』宮本憲一・森永謙二・石原一彦　岩波書店　2011 年
・『アスベスト—広がる被害』大島秀利　岩波書店　2011 年
・『明日への伝言—アスベストショックからノンアスベスト社会へ』中皮腫・アスベスト疾患患者と家族の会尼崎支部・尼崎労働安全衛生センター　アットワークス　2011 年
・『石の肺—僕のアスベスト履歴書』佐伯一麦　新潮社　2009 年
・『アスベスト惨禍を国に問う』大阪じん肺アスベスト弁護団・泉南地域の市民の会　かもがわ出版　2009 年
・『アスベスト禍はなぜ広がったのか　日本の石綿産業の歴史と国の関与』中皮腫・じん肺・アスベストセンター編　日本評論社　2009 年
・『パパ・ママ　子どもとアスベスト　さしがや保育園アスベスト災害の軌跡』長松康子・今井桂子監修　さしがやアスベスト問題を考える会　飯田橋パ

ピルス　2008年
- *Defending the Indefensible The Global Asbestos Industry and its Fight for Survival.* McCulloch. J., & Tweedale. G., Oxford. 2008.
- 『アスベスト問題は終わっていない　労働者・市民シンポジウムの記録―石綿被害者救済新法一周年徹底検証』石綿対策全国連絡会議　アットワークス　2007年
- 『アスベストショック―クボタショックから２年　写真と報告でつづるアスベスト被害　尼崎集会』アスベスト被害尼崎集会実行委員会　アットワークス　2007年
- 『アスベスト汚染と健康被害』森永謙二　日本評論社　2006年
- 『明日をください―アスベスト公害と患者・家族の記録』今井明・『明日をください』出版委員会　アットワークス　2006年
- 『アスベスト禍』粟野仁雄　集英社　2006年
- 『図解　あなたのまわりのアスベスト危険度診断』中皮腫じん肺アスベストセンター　朝日新聞社　2005年
- 『アスベスト　静かな時限爆弾』広瀬弘忠　新曜社　1985年

（博士論文）
- 「アスベスト問題の事例分析に基づいた、工学倫理における専門家の責任に関する考察」藤木篤　神戸大学　2010年
- 「アスベスト産業の展開と石綿健康被害」南慎二朗　立命館大学　2010年
- 「アスベストによる環境汚染の防止対策と評価手法に関する研究」寺園淳　京都大学　2000年
- 「アスベストによる住居環境汚染のリスクアセスメントに関する基礎的研究」村山武彦　東京工業大学　1989年

４．定期刊行物（『石の綿』改訂の参考にしたものを中心に）
- 『中皮腫・アスベスト疾患患者と家族の会　会報』
- 『尼りかん』（中皮腫・アスベスト疾患患者と家族の会　尼崎）
- 『中皮腫・じん肺・アスベストセンター会報』（中皮腫・じん肺・アスベストセンター）
- 『安全センター情報』（全国労働安全衛生センター連絡会議）
- 『HOSHC 労働安全衛生』（NPO 法人　ひょうご労働安全衛生センター）
- 『環境と公害』岩波書店

――論文をはじめとして、以下のような特集、座談会が掲載されている。

35-3「問われるアスベスト対策」/36-1「アスベスト新法の課題」/37-3「環境

被害救済と予防に関する日中韓国際ワークショップ」/38-4「アスベスト問題総特集」/42-1「大阪・泉南アスベスト国賠をめぐって」/42-4「首都圏建設アスベスト訴訟判決を問う」/44-3「建材中のアスベストによる汚染と対策」/46-4「世界のアスベスト問題」/47-1「アスベスト被害の救済はどうあるべきか」
・『21 世紀倫理創成研究』(神戸大学人文学研究科倫理創成プロジェクト発行)

5．アスベスト関連団体等一覧（website あり、同名で検索可能、電話番号など）

・中皮腫・アスベスト疾患・患者と家族の会
（TEL：03-3637-5052　06-6943-1527　尼崎 06-4950-6653
　フリーダイヤル 0120-117-554）
・中皮腫・じん肺・アスベストセンター
（TEL：03-5627-6007　FAX：03-3683-9766）
・大阪アスベスト弁護団（TEL:06-6362-6678）
・アスベスト訴訟弁護団（TEL：03-6264-1990　06-6363-1053）
・NPO 法人ひょうご労働安全衛生センター（TEL：078-382-2124）
・独立行政法人環境再生機構（TEL：0120-389-931）
・石綿問題総合対策研究会（TEL：045-924-5550）

あとがき

『石の綿　マンガで読むアスベスト問題』（かもがわ出版）が出版されてから六年がたちました。その制作中に東日本大震災と東京電力福島第一原発の大事故が発生する一方、本書が描く、アスベストによる健康被害をめぐる問題にも、本編でお読みいただいたように、様々なことがありました。なにより、統計的にわかる範囲でも、アスベスト関連の病気に関して、この間に日本では、中皮腫だけでも、一万人に迫る数の犠牲者があったことに触れておかなくてはなりません。

本書第１部は、前作『石の綿』の「洗濯曝露」「クボタ・ショック」を再録するとともに、その後の状況の変化を反映させるため、「泉南」を「国賠訴訟の原点」として一部改作し、新たにストーリー・マンガとして「震災とアスベスト」と「エタニット―史上最大のアスベスト訴訟」の二編を加えました。内容に重複のある最後の部分を削除した「アスベスト・ポリティクス」も残しています。また、第２部「現状を点描する―問題解決のために」は、特に重要な課題である医療や補償、訴訟やリスクコミュニケーション、市民運動、世界全体の動向に関する「コラム」として、アスベスト問題の現状の紹介に努めました。

前作が、幸いにも、在庫がなくなったころ、神戸大学出版会の発足にあわせ、改訂版を出さないか、というお話が大学関係者からありました。出版社のご好意により、新たに企画を始めることができました。その後、一年足らずで増補改訂版として出版に漕ぎ着け、監修者として大変喜び、安堵しています。

前作を協力し作り上げた、神戸大学文学部の学生、大学院人文学研究科の大学院生そして京都精華大学マンガ研究科の大学院生たちの多くは、いまはそれぞれ社会で活躍中ですが、そのなかから、今回も、榎朗兆さん、奥堀亜紀子さん、八幡さくらさんが、忙しい中、制作スタッフに加わってくれました。また、助成をはじめとした、出版事業の細部にわたって、桐山吉生さんと湖内夏夫さんが、制作者と精華大学、神戸大学出版会とを繋ぐコーディネーターの役割を務めてくださいました。本当にありがとうございました。最後に、ストーリー・マンガおよびコラムの制作でご助力をいただいた協力者の方々にも、この場を借りてあらためてお礼を申し上げたいと思います。

2018 年 5 月

松田　毅　竹宮　惠子

出典・初出一覧

第１部　終わらないアスベスト禍

第一章「洗濯曝露」
『石の綿』第三章を転載

第二章「クボタ・ショック」
『石の綿』第一章を転載

第三章「泉南―国賠訴訟の原点」
『石の綿』第六章を一部改作して転載

第四章「震災とアスベスト」
『*マンガで読む　震災とアスベスト』を転載
＊ 2014 年に科学研究費補助金 25340150 および神戸大学「東北大学等との連携による震災復興支援・災害科学研修推進活動サポート経費により刊行」したもの）

第五章「アスベスト・ポリティクス」
『石の綿』第五章を一部割愛して転載

第六章「エタニット―史上最大のアスベスト訴訟」
書き下ろし

第２部　現状を点描する―問題解決のために

書き下ろし（典拠は本文および「参考資料」を参照）

監修者プロフィール

竹宮惠子　TAKEMIYA Keiko
京都精華大学大学院マンガ研究科教授。マンガ専攻。1971年から2000年まではプロの漫画家として多数の著作を発表。代表作に『風と木の詩』『地球へ…』など。2000年からは学術研究としてのマンガを模索。原画アーカイブの一方策として『原画'（ダッシュ）』を研究。学術の分野にマンガを役立てるための『機能マンガ』研究などを推進。マンガ教育についての研究報告『マンガで読み解くマンガ教育』（共著、阿吽社、2014年）がある。

松田　毅　MATSUDA Tsuyoshi
神戸大学大学院人文学研究科教授。哲学専攻。『ライプニッツの認識論』（創文社、2003年）、『哲学の歴史』第5巻（共著、中央公論新社、2007年）、『応用哲学を学ぶ人のために』（共著、世界思想社、2011年「リスクと安全の哲学」担当）、『部分と全体の哲学』（編著、春秋社、2014年）などの著書や論文、訳書にシュレーダー＝フレチェット『環境リスクと合理的意思決定―市民参加の哲学』、監訳、2007年昭和堂）などがある。

制作スタッフおよび協力者一覧（五〇音順／敬称略）

飯田　浩	尼崎労働者安全衛生センター事務局長
伊藤明子	大阪アスベスト弁護団・弁護士
榎　朗兆	マンガ家
岡部和倫	山口宇部医療センター呼吸器外科医師
奥堀亜紀子	日本学術振興会特別研究員（大阪大学）
榊原洋子	愛知教育大学准教授
外山尚紀	東京労働安全衛生センター・建築物石綿含有建材調査者
永倉冬史	中皮腫・じん肺・アスベストセンター事務局長
長松康子	聖路加国際大学看護学部准教授
西山和宏	ＮＰＯ法人ひょうご労働安全衛生センター専務理事
古谷杉郎	石綿対策全国連事務局長・Asian Ban Asbestos Network コーディネーター
八幡さくら	東京大学多文化共生・統合人間学プログラム特任研究員

改訂新版 石の綿—終わらないアスベスト禍

2018年7月10日　初版第1刷発行

監修　松田 毅　竹宮惠子

発行　神戸大学出版会
〒657-8501 神戸市灘区六甲台町 2-1
神戸大学附属図書館社会科学系図書館内
TEL 078-803-7315 FAX 078-803-7320
URL: http://www.org.kobe-u.ac.jp/kupress/

発売　神戸新聞総合出版センター
〒650-0044 神戸市中央区東川崎町 1-5-7
TEL 078-362-7140 / FAX 078-361-7552
URL:http://kobe-yomitai.jp/

編集製作／京都精華大学マンガ学部編集局

印刷／神戸新聞総合印刷

落丁・乱丁本はお取り替えいたします

ISBN978-4-909364-03-6 C0036

本書は京都精華大学による出版助成を受けています。

翌二〇一三年の
控訴審でも
二人には実刑判決が
下された

しかしその後
カルティエ・ドゥ・
マルシエン被告が
死亡

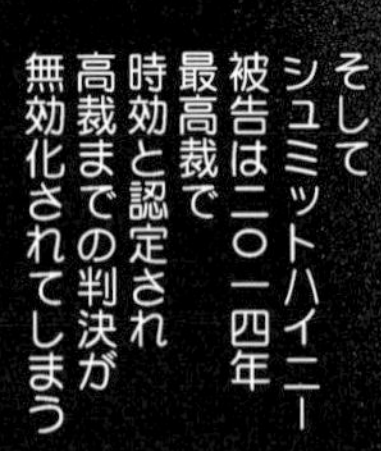

そして
シュミットハイニー
被告は二〇一四年
最高裁で
時効と認定され
高裁までの判決が
無効化されてしまう

二〇一五年 パベシ氏は AFeVAの 代表を退任した
現在も原告側は 法律に基づく 訴追責任の権利を 主張している ようですね
それでも
……ええ 私たちの思いは 変わりません
この悲惨な状況を 生み出した責任者は
中皮腫患者 一人一人の苦しみを 最後まで見るべきだと
これからも 増え続ける被害者の 魂と尊厳の 回復のために
世界中で 闘いは続いて ゆくのですから…

二〇一二年二月 判決を見守るためにトリノ地裁に集まったカザーレ市民は千五百人にのぼった
LA LEGGE E UGUALE PER TUTTI
トリノ刑事法廷はイタリア人民の名において判決を言い渡す

被告人は有罪であると宣言する

労働安全順守義務違反で被告二名に禁固十六年の実刑判決 遺族数百人に平均三万ユーロの賠償などを命じた
このような判決は認められない！
多国籍企業の大株主に各工場の責任を負わせてしまえば この国に投資する者はいなくなってしまうだろう！

彼らは権益のために自分たちを見捨てた人々のことを
決して忘れることはありません
これまでもエタニット社に対する訴訟は各国で行われています
その全ては民事による賠償請求です
しかしイタリアの法では検察当局の調査によって実体としての人間を刑事責任に問うことになる
アスベスト被害は本来刑事裁判で争われる代物なのです！
よって検察は大量殺人、業務上過失、安全規則の非遵守、環境破壊の事実から
ステファン・シュミットハイニーとルイ・ドゥ・カルティエ・ドゥ・マルシエン
両被告に対し禁固二十年を求めるものとします
ETERNIT
GIUSTIZIA
—エタニットに正義の鉄槌を—